数論入門
新装版

数論入門

ゼータ関数と2次体

新装版

D. B. ザギヤー

片山孝次 訳

岩波書店

ZETAFUNKTIONEN UND QUADRATISCHE KÖRPER
by D. B. Zagier
Copyright © Springer-Verlag Berlin Heidelberg 1981
All rights reserved.

First published in German under the title
Zetafunktionen und quadratische Körper, by D. B. Zagier, 1st edition.
First Japanese edition published 1990,
this newly revised edition published 2025
by Iwanami Shoten, Publishers, Tokyo.

This edition has been translated and published
under licence from Springer-Verlag GmbH, DE.
Springer-Verlag GmbH, DE takes no responsibility
and shall not be made liable for the accuracy of the translation.

序　文

　この書の目的は，前世紀に，代数的な観点からはガウス (Gauss) により，解析的な観点からはディリクレ (Dirichlet) により発展させられた2元2次形式の理論を説明することである．この理論は，以前では数学における標準的訓練の課程に属していたが，今日ではしばしば単に現代代数的整数論，解析的整数論あるいは類体論に対する一例として扱われている．しかしながらそれは，極めて美しくしかも初等的に論じられるから，私は逆にそれを上述の分野への導入として用いる——歴史的には事はそのように進行した——ことが有用であると思う．

　この書は入門書であるから，予備知識は最小限にとどめられている．実際：

——代数からは，群・環についての基本概念および有限生成アーベル群の構造定理，

——複素関数論からは "正則関数"，"有理型関数"，"留数" および "解析接続" の概念のみ (コーシーの積分定理は用いられない)，

——数論からは，初等的な一学期分の講義の内容，とくに合同，ルジャンドル記号，平方剰余の相互法則

が仮定される．

　この書はボン (1975年夏学期) およびハーバード (1977年冬学期) における講義に基礎をおいている．Hanspeter Kraft, David Kramer および Winfried Kohnen は部分的に原稿を読み，詳しく注意を与えてくれた．ここに私は心から感謝する；なかんずく，Silke Suter に感謝する．彼女は，はじめから終りまで援助をしてくれ，また語学上表現上の困難に助力を与えてくれた．

約束と記号：有理整数，自然数 (正の整数)，有理数，実数および複素数の集

vi 序 文

合を Z, N, Q, R, C とかく. 集合 C の濃度を $|C|$ または $\#C$ で表す. $x \in R$ に対して $[x]$ は $n \leqq x$ である最大の整数 n を示す. f および g が 'a に収束 ($a=0$ または ∞ でもよい) する x' の関数ならば $f=O(g), f=o(g)$, または $f \sim g$ はそれぞれ $x \to a$ に対して $f(x)/g(x)$ が有界, 0 に収束または 1 に収束することを示す. $\S m$ の n 番目の公式はその節においては (n), 他の節においては $(m.n)$ と引用する.

　(訳者注記) 　さらに

$$\Sigma^* : P(a) \quad \text{あるいは} \quad \Pi^* : P(a)$$

によりそれぞれ条件 $P(a)$ をみたす a 全体にわたる和, 積を示す. また $\forall n$ は '任意の n' を意味する.

目　次

序　文

第 I 部　ディリクレ級数―――――――――――――――――― 1

§1　ディリクレ級数：解析的理論　　　　　　　1

§2　ディリクレ級数：形式的性質　　　　　　　9

§3　ガンマ関数　　　　　　　　　　　　　　17

§4　リーマンのゼータ関数　　　　　　　　　25

§5　指　標　　　　　　　　　　　　　　　　35

§6　L 級数　　　　　　　　　　　　　　　43

§7　負の整数点におけるディリクレ級数
　　の，とくに L 級数の値　　　　　　　　49

　　第 I 部への文献　　　　　　　　　　　　58

第 II 部　2 次体とそのゼータ関数―――――――――――59

§8　2 元 2 次形式　　　　　　　　　　　　　59

§9　$L(1, \chi)$ の計算と類数公式　　　　　　　78

§10　2 次形式と 2 次体　　　　　　　　　　91

§11　2 次体のゼータ関数　　　　　　　　　101

§12　種の理論　　　　　　　　　　　　　　114

§13　簡約理論　　　　　　　　　　　　　　126

viii　目　次

§14　$s=0$ におけるゼータ関数の値,
　　　連分数および類数　　　　　　　　　140

　　第 II 部への文献　　　　　　　　　149

　略解またはヒント ─────────────── 152

あとがき　　　　　　　　　167

索　引　　　　　　　　　169

記　号　　　　　　　　　174

第 I 部

ディリクレ級数

§1 ディリクレ級数：解析的理論

本節および次節においてディリクレ級数の基本的な性質について述べる．それは解析的数論において，べき級数が関数論においてそうであるように，基本的な役割を演ずる．

べき級数の理論においては，**べき関数** $z \to z^n$ $(n \in \mathbf{N})$ が基礎に横たわる関数であり，任意の関数がこの特別な関数の無限 1 次結合として表されるかどうかが問題である．ディリクレ級数の場合は，その代りとして**指数関数** $z \to e^{-\lambda z}$ $(\lambda \in \mathbf{R})$ を基礎にとる．しかし $\mathbf{R}$ は可付番集合ではないから λ_n を

$$(1) \qquad \lambda_1 < \lambda_2 < \cdots, \qquad \lambda_n \longrightarrow \infty$$

をみたす実数とし，数列 $\{z \to e^{-\lambda_n z}\}_{n=1,2,3,\cdots}$ に制限しなければならない．

最後に，ディリクレ級数の理論においては，複素変数を s とかき（関数論において z を用いる代りに），その実数部，虚数部をそれぞれ σ, t（x, y の代りに）とかく習慣であることを注意しておく．そこで次の定義を与える．

2　第 I 部　ディリクレ級数

定義　ディリクレ級数とは，級数

(2)
$$\sum_{n=1}^{\infty} a_n e^{-\lambda_n s}$$

のことである．ここで λ_n は実数で (1) をみたし，a_n は任意の複素数，$s = \sigma + it$ は複素数である．

　例 1　$\lambda_n = n$．これはもっとも簡単な (1) の例であり，$z = e^{-s}$ とおけば，級数 (2) は $\sum a_n z^n$ の形となるから，ディリクレ級数論はこの場合ふつうの関数論と一致し，新しいものは何もない．

　例 2　$\lambda_n = \log n$．べき指数の集合のこのとり方では，級数 (2) は，きれいな

(3)
$$\sum_{n=1}^{\infty} a_n n^{-s}$$

の形になる．これは，解析的数論にとって不可欠のものである．(3) の形の級数は，**通常ディリクレ級数**とよばれる．

　ディリクレ級数はいつ，どこへ収束するであろうか？　べき級数 $\sum a_n z^n$ については，負でない実数 R (収束半径) が存在し，$\sum a_n z^n$ は $|z| < R$ であるすべての z に対して収束し，$|z| > R$ である z に対しては収束しない，ということを知っている．(ここで $R = 0$ または $R = \infty$ を含めることができる．前者の場合は，決して収束しない，後者の場合はすべての z に対して収束することを意味する．) 最初の例の $\lambda_n = n$ の場合，この結果はそこで与えられた変換 $z = e^{-s}$ を用いて，変数 s にうつされる．すなわち，$\sigma_0 = \log(1/R)$ とおけば，そのとき級数 (2) は $\sigma > \sigma_0$ であるすべての s に対して収束し，$\sigma < \sigma_0$ である s に対しては収束しない．(直線 $\sigma = \sigma_0$ 上でのふるまいについては，それはべき級数の収束円 $|z| = R$ に対応するから，一般には何もいうことはできない．) さてこの例はディリクレ級数の収束状況について典型的であることがわかる．

　定理 1　級数 (2) が $s = s_0$ に対して収束するとすれば，それはまた $\mathrm{Re}(s) > \mathrm{Re}(s_0)$ であるすべての s に対して収束する．しかもコンパクト集合の上で一様に収束する．よって，実数 σ_0 が存在して，級数 (2) は $\sigma > \sigma_0$ であるすべての s に対して収束し，$\sigma < \sigma_0$ であるすべての s に対して発散する．((2) が常に収束するか，あるいはどこでも収束しない場合には，それぞれ $\sigma_0 = -\infty$ または $= \infty$ とおく．) $\sigma > \sigma_0$ において

§1 ディリクレ級数:解析的理論　3

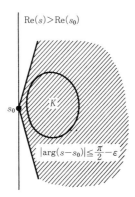

(4) $$f(s) = \sum_{n=1}^{\infty} a_n e^{-\lambda_n s}$$

によって定義された s の関数は，そこで正則である．$f(s)$ の導関数は

(5) $$f^{(k)}(s) = (-1)^k \sum_{n=1}^{\infty} \lambda_n{}^k a_n e^{-\lambda_n s}$$

により与えられる．ここで右辺に生じたディリクレ級数はまた $\sigma > \sigma_0$ で収束する．――

数 σ_0 はディリクレ級数 (2) の**収束軸**とよばれる．

証明 定理の最初の部分のみを証明すればよい．そうすれば与えられた性質をもつ σ_0 の存在，(4) が正則であること，また，良く知られたワイエルストラスの定理により，一様収束性を用いて，公式 (5) を与える項別微分の正当性が得られるからである．そこで，級数は各領域

(6) $$|\arg(s - s_0)| \leq \frac{\pi}{2} - \varepsilon < \frac{\pi}{2}$$

において一様収束することを証明しよう．それは定理の主張よりは強い結果である．何故ならば $\{s \mid \sigma > \sigma_0\}$ に含まれる各コンパクト集合 K は (6) の形の角領域内に横たわるからである．（図参照）

ここで記法

(7) $$A(N) = \sum_{n=1}^{N} a_n, \quad A(M,N) = \sum_{n=M}^{N} a_n,$$
$$A(M, M-1) = 0$$

4　第Ⅰ部　ディリクレ級数

を導入するが，それはこの節を通して用いられる．一般性を失うことなく $s_0=0$ と仮定することが出来る．（s を $s+s_0$ で，a_n を $a_n e^{-\lambda_n s_0}$ でおきかえればよい）；そのとき，$\sum a_n$ は収束し，与えられた $\varepsilon>0$ に対し，ある N_0 が存在して，すべての $N>M\geqq N_0$ に対して $|A(M,N)|<\varepsilon$ が成り立つ．そのとき $N>M\geqq N_0$ に対して

$$
\begin{aligned}
\sum_M^N a_n e^{-\lambda_n s} &= \sum_M^N [A(M,n)-A(M,n-1)]e^{-\lambda_n s} \\
&= A(M,M)e^{-\lambda_M s} - A(M,M)e^{-\lambda_{M+1} s} + A(M,M+1)e^{-\lambda_{M+1} s} \\
&\quad -\cdots + A(M,N-1)e^{-\lambda_{N-1} s} - A(M,N-1)e^{-\lambda_N s} \\
&\quad + A(M,N)e^{-\lambda_N s} \\
&= \sum_M^{N-1} A(M,n)[e^{-\lambda_n s} - e^{-\lambda_{n+1} s}] + A(M,N)e^{-\lambda_N s}
\end{aligned}
$$

が成り立つ．（この操作は，いわゆるアーベルの総和法である．）

$$
\begin{aligned}
|e^{-\lambda_n s} - e^{-\lambda_{n+1} s}| &= \left| s\int_{\lambda_n}^{\lambda_{n+1}} e^{-su}du \right| \leqq |s|\int_{\lambda_n}^{\lambda_{n+1}} |e^{-su}|du \\
&= |s|\int_{\lambda_n}^{\lambda_{n+1}} e^{-\sigma u}du = \frac{|s|}{\sigma}(e^{-\lambda_n \sigma} - e^{-\lambda_{n+1}\sigma})
\end{aligned}
$$

である．$\dfrac{|s|}{\sigma}$ は，領域 (6)（$s_0=0$ に対する）においてある定数 C によりおさえられる．よって $\sigma>0$ に対して

$$
\begin{aligned}
\left| \sum_M^N a_n e^{-\lambda_n s} \right| &\leqq \sum_M^{N-1} |A(M,n)||e^{-\lambda_n s} - e^{-\lambda_{n+1} s}| + |A(M,N)||e^{-\lambda_N s}| \\
&\leqq C\varepsilon \sum_M^{N-1}(e^{-\lambda_n \sigma} - e^{-\lambda_{n+1}\sigma}) + \varepsilon e^{-\lambda_N \sigma} \\
&\leqq C\varepsilon e^{-\lambda_M \sigma} + \varepsilon e^{-\lambda_N \sigma} < (C+1)e^{-\lambda_{N_0}\sigma}\varepsilon
\end{aligned}
$$

である．これによりこの領域において (2) は一様収束であることがわかる．――

　ディリクレ級数の収束軸はどのように定められるであろうか？　べき級数 $\sum a_n z^n$ の収束半径に対する公式

$$
R = \liminf |a_n|^{-1/n}
$$

と類似に，係数 a_n に依存する σ_0 の公式を与えることができる．すなわち次の定理が成り立つ．

定理2　$\sum a_n e^{-\lambda_n s}$ を，$\sum a_n$ が発散するようなディリクレ級数とする．その

とき収束軸 σ_0 は

$$(8) \qquad \sigma_0 = \limsup_{N \to \infty} \frac{\log|A(N)|}{\lambda_N}$$

により与えられる．ここで $A(N)$ は (7) で定義された係数の和である．——

注意 $\sum_{n=1}^{\infty} a_n$ が収束する場合，$A(N)$ を $\sum_{N}^{\infty} a_n$ でおきかえれば定理は成り立つ．とにかく変数をずらすことによって $\sigma_0 > 0$ に，したがって発散する $\sum a_n$ に到達する．

証明 簡単のために，われわれにとって必要な通常ディリクレ級数の場合，すなわち $\lambda_N = \log N$ の場合にのみ証明する．ゆえに

$$(9) \qquad \gamma = \limsup_{N \to \infty} \frac{\log|A(N)|}{\log N}$$

$$= \inf\{a \mid A(N) = O(N^a)\}$$

に対し $\sigma_0 = \gamma$ を示さなければならない．（等式 $A(N) = O(N^a)$ は，ある数 $B > 0$ が存在して，すべての N に対して $|A(N)| \leq BN^a$ が成り立つことを意味する．）

$\sigma > \sigma_0$ とする．そのとき $\sum a_n n^{-\sigma}$ は収束する．ゆえにすべての N および適当な C に対して $\left|\sum_{1}^{N} a_n n^{-\sigma}\right| < C$ が成り立つ．アーベルの総和法により（定理1の証明のように）

$$|A(N)| = \left|\sum_{n=1}^{N} (a_n n^{-\sigma}) n^{\sigma}\right|$$

$$= \left|\sum_{n=1}^{N-1} \left(\sum_{m=1}^{n} a_m m^{-\sigma}\right)(n^{\sigma} - (n+1)^{\sigma}) + \left(\sum_{n=1}^{N} a_n n^{-\sigma}\right) N^{\sigma}\right|$$

$$\leq \sum_{n=1}^{N-1} \left|\sum_{m=1}^{n} a_m m^{-\sigma}\right|((n+1)^{\sigma} - n^{\sigma}) + \left|\sum_{n=1}^{N} a_n n^{-\sigma}\right| N^{\sigma}$$

$$< C \sum_{n=1}^{N-1} ((n+1)^{\sigma} - n^{\sigma}) + CN^{\sigma} < 2CN^{\sigma}$$

を得る．ゆえに $\gamma \leq \sigma$ で，これは $\sigma > \sigma_0$ であるすべての σ に対して成り立つから $\gamma \leq \sigma_0$ である．

逆に $\sigma > \gamma$ とする．そのときふたたびアーベル総和法により

$$(10) \qquad \sum_{n=1}^{N} a_n n^{-\sigma} = \sum_{n=1}^{N-1} A(n)(n^{-\sigma} - (n+1)^{-\sigma}) + A(N) N^{-\sigma}$$

6　第 I 部　ディリクレ級数

がわかる. a を $\gamma < a < \sigma$ にとり, すべての N に対して $|A(N)| \leq CN^a$ である C をとる. そのとき

$$|A(n)(n^{-\sigma} - (n+1)^{-\sigma})| \leq Cn^a(n^{-\sigma} - (n+1)^{-\sigma})$$
$$= C\sigma n^a \int_n^{n+1} x^{-\sigma-1} dx < C\sigma n^{a-\sigma-1}$$

であり,

$$|A(N)N^{-\sigma}| \leq CN^{a-\sigma} \longrightarrow 0 ;$$

$\sum_{n=1}^{\infty} n^{a-\sigma-1}$ は収束するから, (10) の右辺は, $N \to \infty$ のとき, ある有限な極限値をもつ. ゆえに $\sigma \geq \sigma_0$ で (これは各 $\sigma > \gamma$ に対して成り立つから) $\gamma \geq \sigma_0$. ——

　例　a)

(11)
$$\zeta(s) = 1 + \frac{1}{2^s} + \frac{1}{3^s} + \cdots$$

とする. (これが有名なリーマンのゼータ関数である. われわれは §4 において詳しく学ぶであろう.) ここで $a_n = 1, A(N) = N$, ゆえに $\sigma_0 = \gamma = 1$. 級数 (11) は $\sigma > 1$ に対して収束する.

　b)

(12)
$$\psi(s) = 1 - \frac{1}{2^s} + \frac{1}{3^s} - \cdots$$

とする. ここで $a_n = (-1)^{n-1}$. $A(N)$ は N が奇数であるか偶数であるかに従い, 1 または 0 に等しい. ゆえに $\sigma_0 = \gamma = 0$. 級数 (12) はそれゆえ $\sigma > 0$ に対して収束しこの半平面で解析関数を定義する. $\sigma > 1$ に対して明らかに

(13)
$$\psi(s) = \zeta(s) - 2\left(\frac{1}{2^s} + \frac{1}{4^s} + \cdots\right) = (1 - 2^{1-s})\zeta(s)$$

が成り立つ. よって $\zeta(s)$ は, $(1 - 2^{1-s})$ が消える点 $s = 1, 1 \pm \dfrac{2\pi i}{\log 2}, 1 \pm \dfrac{4\pi i}{\log 2},$ … 等でたかだか極をもち, 半平面 $\sigma > 0$ で有理型な関数に解析接続する 1 つの方法が得られる. ——

　この例は, (通常) ディリクレ級数の理論とべき級数のそれとの間の大きな相違を示している.

　公式 $R = \liminf |a_n|^{-1/n}$ より, べき級数 $\sum a_n z^n$ と $\sum |a_n| z^n$ とは同じ収束半

径をもつ. 収束円 $|z| = R$ の上以外では, 級数は収束するところでは常に絶対収束である. それに反してディリクレ級数 (12) は $\sigma > 0$ に対して収束するがその絶対値級数 (すなわち (11)) は, $\sigma > 1$ に対して収束する. (9) から容易に次の定理が得られるから, これはある意味では極端な場合である.

定理3 $\sum\limits_{n=1}^{\infty} a_n n^{-s}$ を収束軸 σ_0 をもつディリクレ級数とし, $\sigma_1 (\geqq \sigma_0)$ を $\sum\limits_{n=1}^{\infty} |a_n| n^{-s}$ の収束軸とする. そのとき

$$\sigma_1 \leqq \sigma_0 + 1. \qquad\qquad ——$$

注意 この定理は通常ディリクレ級数に対してのみ成り立つ. たとえば, 級数 $\sum\limits_{n=2}^{\infty} \dfrac{(-1)^n}{\sqrt{n}} (\log n)^{-s}$ はすべての s に対して収束するが, どの s に対しても絶対収束しない.

ディリクレ級数と, われわれにとっておなじみのべき級数の間にはなお多くの重要な相違点がある. べき級数については, 収束半径は係数に依存するのみならず, 級数により定義される解析関数のふるまいによってもまた定められるのである. すなわち特異点の最小絶対値が収束半径を与える. 級数 $\sum\limits_{n=0}^{\infty} a_n z^n$ が $|z| < r$ に正則に解析接続される関数を表現するならば, それはそこで収束する. ディリクレ級数に対してはそのようなことは成り立たない——$\sigma > 0$ に対して (12) により与えられた関数 $\psi(s)$ は全複素平面に正則に接続される (このことは, §4 において関数 $\zeta(s)$ は $\boldsymbol{C} - \{1\}$ に解析接続するが, そのとき (13) から導かれる), しかし級数 (12) は $\sigma > 0$ に対してのみ収束する.

われわれはある特別な場合においてのみ特異点の存在について確言することができる.

定理4 (ランダウ) $\sum\limits_{n=1}^{\infty} a_n n^{-s}$ を, 収束軸 σ_0 をもち, 非負実係数をもつディリクレ級数とする. そのとき

$$f(s) = \sum_{n=1}^{\infty} a_n n^{-s} \qquad (\sigma > \sigma_0)$$

により定義された関数は $s = \sigma_0$ に特異点をもつ.

証明 一般性を失うことなく $\sigma_0 = 0$ としてよい. 関数 $f(s)$ が $s = 0$ で正則と

8　第 I 部　ディリクレ級数

する．そのとき，それはまたある円板 $|s|<\varepsilon$ において正則で，したがって $s=1$ のまわりで，収束半径 >1 のテイラー展開をもつ．ゆえに，ある適当な $\delta>0$ に対して級数 $\sum_{k=0}^{\infty}\dfrac{(-1-\delta)^k}{k!}f^{(k)}(1)$ は収束（それは $f(-\delta)$ に等しい）することになる．しかし (5) により

$$\sum_{k=0}^{\infty}\frac{(-1-\delta)^k}{k!}f^{(k)}(1)=\sum_{k=0}^{\infty}\frac{(1+\delta)^k}{k!}\sum_{n=1}^{\infty}\frac{(\log n)^k a_n}{n}$$

$$=\sum_{n=1}^{\infty}\frac{a_n}{n}\sum_{k=0}^{\infty}\frac{(1+\delta)^k(\log n)^k}{k!}$$

（収束はまた $a_n\geqq0$ により絶対収束であるから，二重和の順序交換は許される）

$$=\sum_{n=1}^{\infty}\frac{a_n}{n}e^{(1+\delta)\log n}=\sum_{n=1}^{\infty}a_n n^{\delta}$$

である．よって $\sum_{n=1}^{\infty}a_n n^{\delta}$ は収束し，$\sigma_0=0$ に矛盾する．——

　終りにディリクレ級数の係数の一意性についての簡単な定理を与える．

定理 5　$\sum_{n=1}^{\infty}a_n e^{-\lambda n s}$, $\sum_{n=1}^{\infty}b_n e^{-\lambda n s}$ を 2 つのディリクレ級数とし，ともに $\boldsymbol{C}$ のある開領域で収束し，そこで同じ関数を定義するとする．そのとき，すべての n に対して $a_n=b_n$ である．

証明　そうでないとし，m を $a_m\neq b_m$ である最小の番号とする．そのとき十分大なる σ に対して

$$0=e^{\lambda m\sigma}\Bigl(\sum_{n=1}^{\infty}a_n e^{-\lambda n\sigma}-\sum_{n=1}^{\infty}b_n e^{-\lambda n\sigma}\Bigr)$$

$$=a_m-b_m+\sum_{n=m+1}^{\infty}(a_n-b_n)e^{-(\lambda_n-\lambda_m)\sigma}$$

が成り立つ．級数の各項は $\sigma\to\infty$ のとき極限値 0 をもち（$\lambda_n-\lambda_m>0$ であるから），一様収束性により和も σ が増加するとき 0 に近づく．それは $a_m\neq b_m$ に矛盾する．

問　題

1. 定理 2 の証明のどこで，条件 "$\sum a_n$ は発散" が用いられているか．

2. (9) を用いないで，級数 (12) が収束軸 $\sigma_0=0$ をもつことを，次のように

§2 ディリクレ級数:形式的性質　9

して証明せよ: 実数 $s>0$ に対して (12) が収束することを直接に証明し, 定理 1 を応用する ($\sigma_0 \geqq 0$ であることは自明).

3. 定理 3 を証明せよ.

4. (定理 2 を用いるか, または問題 2 のようにして) 級数

$$1+\frac{1}{2^s}-\frac{2}{3^s}+\frac{1}{4^s}+\frac{1}{5^s}-\frac{2}{6^s}+\cdots$$

$$=(1-3^{1-s})\zeta(s)$$

は $\sigma>0$ に対して収束することを示せ. そのことより $\zeta(s)$ は $s=1, 1\pm\dfrac{2\pi i}{\log 3}$, $1\pm\dfrac{4\pi i}{\log 3}, \cdots$ においてたかだか極をもつ有理型関数として半平面 $\sigma>0$ に接続されることを証明せよ. さらに $\log 3$ の $\log 2$ に対する比は無理数であることを用いて $\zeta(s)$ はたかだか $s=1$ で極をもつことを示せ. (定理 4 によりそこで確かに 1 つはもつ.)

■

§2　ディリクレ級数:形式的性質

ディリクレ級数の収束について述べたあとで, このような級数を友にしてどのように散策を続けるか——ディリクレ級数の取扱い方がどのようにべき級数とは異なるかを説明しよう.

2 つのディリクレ級数の和が, またディリクレ級数——その係数は, それぞれの係数の和——であることは明らかである. 積はどのように構成するか?

$$(1) \qquad f(s)=\sum_{n=1}^{\infty}a_n n^{-s}, \qquad g(s)=\sum_{m=1}^{\infty}b_m m^{-s}$$

を, 開集合 U で絶対収束するディリクレ級数により与えられた 2 つの関数とする. そのとき U において

$$f(s)g(s)=\sum_{n=1}^{\infty}\sum_{m=1}^{\infty}a_n b_m n^{-s}m^{-s}$$

$$(2) \qquad\qquad =\sum_{n,m=1}^{\infty}a_n b_m (nm)^{-s}$$

10 　第 I 部　ディリクレ級数

$$= \sum_{k=1}^{\infty} c_k k^{-s}$$

である．ここに

(3)
$$c_k = \sum_{\substack{n,m \geq 1 \\ nm=k}} a_n b_m = \sum_{n|k} a_n b_{k/n}$$

であり，それは係数 $\{a_n\}$, $\{b_m\}$ の "**畳み込み**" (Faltung, convolution; ディリクレ積ともいう．以下単に，**積**という) とよばれる．(記法 $\sum_{n|k}$ は k のすべての正の約数 n にわたる和を示す．) すなわち，べき級数の乗法を記述する加法的畳み込み $c_k = \sum_{n+m=k} a_n b_m$ が，乗法的な畳み込み (3) におきかわっているのである．この事実は，数論においてディリクレ級数が大きな意味をもっていることを示している．

われわれは $\sum_{k=1}^{\infty} c_k k^{-s}$ の収束については何も証明しない．2 つの級数 (1) が収束し，そのうちの 1 つが絶対収束するとき，この級数 $\sum c_k k^{-s}$ が少なくとも収束することは，容易に証明される．

例　a)　$d(n)$ を n の正の約数の個数とする．そのとき，$\sigma > 1$ に対して，$d(n) = \sum_{d|n} 1 \times 1$ から

(4)
$$\sum_{n=1}^{\infty} \frac{d(n)}{n^s} = \zeta(s)^2$$

が得られる．

b)　$\tau(n)$ を n の正の約数の和とする．あるいは一般に

(5)
$$\sigma_k(n) = \sum_{d|n} d^k$$

を，n の正の約数の k 乗の和とする．そのとき

(6)
$$\sum_{n=1}^{\infty} \frac{\sigma_k(n)}{n^s} = \zeta(s)\zeta(s-k) \qquad (\sigma > k+1)$$

である．

以上の 2 つの例では，係数は特別な性質——乗法的である——をもっている．**乗法的関数** $f: \mathbf{N} \to \mathbf{C}$ とは，恒等的に 0 でない関数であり，すべての m, n, $(m, n) = 1$, に対して

(7)
$$f(mn) = f(m)f(n)$$

§2 ディリクレ級数:形式的性質　**11**

をみたすものである.（すべての m, n に対して (7) をみたす関数は**強い意味で乗法的**であるといわれる.）この性質は,対応するディリクレ級数に,次のように働く.f が乗法的ならば $f(1)=1$ である（それは (7) から $f(1)^2=f(1)$ が得られ,そこで $f(1)=0$ とすれば f が恒等的に 0 であることになるからである）.また,n の素因数分解 $n=p_1{}^{r_1}\cdots p_k{}^{r_k}$ に対して

$$f(n) = f(p_1{}^{r_1})\cdots f(p_k{}^{r_k})$$

である.ゆえに $\sum f(n)\,n^{-s}$ が絶対収束する範囲内で

$$\sum_{n=1}^{\infty} f(n)\,n^{-s} = \sum_{r_2, r_3, r_5, \cdots} f(2^{r_2}3^{r_3}5^{r_5}\cdots)\,(2^{r_2}3^{r_3}5^{r_5}\cdots)^{-s}$$

（ここで和はすべての対応 $p\to r_p$——$r_p\geqq 0$ であり有限個の素数 p をのぞいて $r_p=0$ である——にわたる.）

$$= \sum_{r_2, r_3, r_5, \cdots \geqq 0} \frac{f(2^{r_2})}{2^{r_2 s}}\cdot\frac{f(3^{r_3})}{3^{r_3 s}}\cdot\frac{f(5^{r_5})}{5^{r_5 s}}\cdots.$$

$$= \prod_p \left[\sum_{r=0}^{\infty} \frac{f(p^r)}{p^{rs}}\right]$$

である.ここで積はすべての素数 p にわたる.このとき次の定理が得られる.

定理 1　$f: N\to C$ を乗法的な関数とし,級数

$$F(s) = \sum_{n=1}^{\infty} \frac{f(n)}{n^s}$$

は絶対収束とする.そのとき $F(s)$ はオイラー積

(8)
$$F(s) = \prod_p \left(1+\frac{f(p)}{p^s}+\frac{f(p^2)}{p^{2s}}+\cdots\right)$$

に等しい.ここで積は,すべての素数 p にわたり,また絶対収束する.——

例　c）　$\zeta(s)$ に対しては係数はすべて 1 に等しい.ゆえに

(9)
$$\zeta(s) = \prod_p \left(1+\frac{1}{p^s}+\frac{1}{p^{2s}}+\cdots\right) = \prod_p \frac{1}{1-p^{-s}} \qquad (\sigma>1).$$

このオイラーによって発見された積展開は,ゼータ関数が素数論において演ずる大きな役割の源泉である.そのほか,それは $\sigma>1$ に対して関数 $\zeta(s)$ が決して消えないことをも示している.（積は収束し,個々の因子は 0 でないから.）　a), b) に与えた級数に対して

12　第 I 部　ディリクレ級数

$$\sum_{n=1}^{\infty}\frac{d(n)}{n^s} = \zeta(s)^2 = \prod_p (1-p^{-s})^{-2}$$

$$= \prod_p (1+2p^{-s}+3p^{-2s}+\cdots)$$

$$= \prod_p \left(1+\frac{d(p)}{p^s}+\frac{d(p^2)}{p^{2s}}+\cdots\right),$$

$$\sum_{n=1}^{\infty}\frac{\sigma_k(n)}{n^s} = \zeta(s)\zeta(s-k) = \prod_p [(1-p^{-s})(1-p^{k-s})]^{-1}$$

$$= \prod_p \left(1+\frac{p^{k+1}}{p^s}+\frac{p^{2k}+p^k+1}{p^{2s}}+\cdots\right)$$

$$= \prod_p \left(1+\frac{\sigma_k(p)}{p^s}+\frac{\sigma_k(p^2)}{p^{2s}}+\cdots\right)$$

を得る．定理 1 の逆 "ディリクレ級数がオイラー積 (8) をもつならば，この級数の係数は乗法的関数である" が成り立つことは自明であるから，2 つの関数 $n\to d(n)$, $n\to\sigma_k(n)$ はともに乗法的である．（直接にも容易に証明される．）

d)　逆数 $\dfrac{1}{\zeta(s)}$ に対して

(10)
$$\frac{1}{\zeta(s)} = \prod_p (1-p^{-s}) = \sum_{n=1}^{\infty}\frac{\mu(n)}{n^s}$$

を得る．ここで $\mu(n)$ は乗法的関数であり，素数のべきに対して $\mu(p)=-1$, $\mu(p^r)=0$ $(r\geqq2)$ により定義される．すなわち

(11)
$$\mu(n) = \begin{cases} 0 & n \text{ が平方因子を含むとき，} \\ (-1)^k & n=p_1\cdots p_k,\ \ p_1<\cdots<p_k \text{ のとき．} \end{cases}$$

関数 $\mu(n)$ はいわゆる**メービウスの関数**である．関係 $\zeta(s)\cdot\dfrac{1}{\zeta(s)}=1$ および積公式 (3) から，この関数の重要な性質

(12)
$$\sum_{d|n}\mu(d) = \begin{cases} 1 & n=1 \text{ のとき，} \\ 0 & n>1 \text{ のとき} \end{cases}$$

が導かれる．メービウスの関数は，**メービウスの反転公式**により重要である．

定理 2　f および g を N 上定義された C 値関数とする．

すべての n に対して

(13)
$$f(n) = \sum_{d|n}g(d)$$

ならば，すべての n に対して

$$(14) \qquad g(n) = \sum_{d|n} \mu\left(\frac{n}{d}\right) f(d)$$

であり，かつ逆も成り立つ．f, g がこの関係で互いに結ばれるならば，g が乗法的であるとき，かつそのときに限り f も乗法的である．

証明 定理のはじめの部分は (12) から容易に導かれる．しかしわれわれは，ディリクレ級数の取扱いに馴れるために，ディリクレ級数の応用として証明しよう．方程式

$$f(1) = g(1),$$
$$f(2) = g(1) + g(2),$$
$$f(3) = g(1) + g(3),$$
$$f(4) = g(1) + g(2) + g(4), \qquad \cdots$$

は，帰納的に g について次のように解かれる．

$$g(1) = f(1),$$
$$g(2) = f(2) - f(1),$$
$$g(3) = f(3) - f(1),$$
$$g(4) = f(4) - f(2), \qquad \cdots$$

(14) のような関係は，f には依存しない係数をもって成立することは明らかである．よってわれわれは，ゆるやかに増加する数列 $\{f(n)\}$，$\{g(n)\}$ に対して（たとえば，$n > n_0$ に対して $g(n) = 0$ であるようなものに対して）(13)$\Longleftrightarrow$(14) を証明すればよい．したがって，対応するディリクレ級数

$$F(s) = \sum_{n=1}^{\infty} \frac{f(n)}{n^s}, \qquad G(s) = \sum_{n=1}^{\infty} \frac{g(n)}{n^s}$$

が（少なくとも 1 つの s に対して）絶対収束するとしてよい．そのとき，積公式 (3) および関係式 (10) から

$$(13) \Longleftrightarrow F(s) = \sum_{n=1}^{\infty} 1 \cdot n^{-s} \sum_{m=1}^{\infty} g(m) m^{-s} = \zeta(s) G(s)$$

$$\Longleftrightarrow G(s) = \zeta(s)^{-1} F(s) = \sum_{n=1}^{\infty} \mu(n) n^{-s} \sum_{m=1}^{\infty} f(m) m^{-s}$$

$$\Longleftrightarrow (14)$$

が得られる．そして (13) および (14) が成り立つとき，

14   第 I 部　ディリクレ級数

$$g：乗法的 \Longleftrightarrow G(s) はオイラー積展開をもつ$$
$$\Longleftrightarrow F(s) = \zeta(s)\,G(s) はオイラー積展開をもつ$$
$$\Longleftrightarrow f：乗法的$$

である.――

　　例　$\nu(n)$ を n の素因数の個数 (重複度もこめる：$\nu(p_1{}^{r_1}\cdots p_k{}^{r_k})=r_1+\cdots+r_k$)
とし $\lambda(n)=(-1)^{\nu(n)}$ とする. そのとき $\lambda(n)$ は乗法的で

$$(15) \qquad \begin{aligned} \sum_{n=1}^{\infty}\frac{\lambda(n)}{n^s} &= \prod_p\Big[1-\frac{1}{p^s}+\frac{1}{p^{2s}}-\cdots\Big] = \prod_p\Big(\frac{1}{1+p^{-s}}\Big) \\ &= \prod_p\Big(\frac{1-p^{-s}}{1-p^{-2s}}\Big) = \frac{\zeta(2s)}{\zeta(s)} \qquad (\sigma>1). \end{aligned}$$

ゆえに (14) は, $g=\lambda$, および

$$(16) \quad f(n)=\zeta(2s) における n^{-s} の係数 = \begin{cases} 1 & n が平方数の場合, \\ 0 & そうでない場合 \end{cases}$$

ととって成り立つ. すなわち

$$(17) \qquad\qquad f(n) = \sum_{d|n}\lambda(d)$$

が成り立つ.

　　さて, 乗法的係数をもつディリクレ級数の例をいくつか (すでに触れたもの
も含めて) 並べてみよう. ここで $d, \tau, \sigma_k, \mu, \lambda$ はすでに導入された数論的関数,
$\varphi(n)=n\prod_{p|n}\Big(1-\dfrac{1}{p}\Big)$ はオイラーの関数, そして $\omega(n)$ は n の異なる素因子の個
数である(次ページの表).

　　最後の例として

$$r(n) = \#\{(a,b)\in \mathbf{Z}^2 \mid a^2+b^2=n\}$$

とする. すなわちそれは n を 2 つの平方数の和として表す方法の個数である
(たとえば, $1=0^2+1^2=0^2+(-1)^2=1^2+0^2=(-1)^2+0^2$ であるから $r(1)=4$).
そのとき $\dfrac{r(n)}{4}$ は乗法的で, 対応するディリクレ級数は

$$(18) \qquad\qquad \sum_{n=1}^{\infty}\frac{1}{4}r(n)\,n^{-s} = \zeta(s)L(s)$$

で与えられる. ここで

§2 ディリクレ級数：形式的性質 **15**

$f(n)$	$\sum f(n)\,n^{-s}$
1	$\zeta(s)$
$\mu(n)$	$1/\zeta(s)$
$\varphi(n)$	$\zeta(s-1)/\zeta(s)$
$d(n)$	$\zeta(s)^2$
$\tau(n)$	$\zeta(s)\,\zeta(s-1)$
$\sigma_k(n)$	$\zeta(s)\,\zeta(s-k)$
$\lambda(n)$	$\zeta(2s)/\zeta(s)$
$2^{\omega(n)}$	$\zeta(s)^2/\zeta(2s)$
$\mu(n)^2$	$\zeta(s)/\zeta(2s)$
$d(n)^2$	$\zeta(s)^4/\zeta(2s)$
$d(n^2)$	$\zeta(s)^3/\zeta(2s)$
$\sigma_k(n)\,\sigma_\ell(n)$	$\zeta(s)\,\zeta(s-k)\,\zeta(s-\ell)\,\zeta(s-k-\ell)/\zeta(2s-k-\ell)$

$$L(s) = 1 - \frac{1}{3^s} + \frac{1}{5^s} - \cdots$$

は，周期的かつ乗法的な係数

$$\chi(n) = \begin{cases} +1 & n\equiv 1 \pmod 4 \text{ のとき,} \\ -1 & n\equiv -1 \pmod 4 \text{ のとき,} \\ 0 & n\equiv 0 \pmod 2 \text{ のとき} \end{cases}$$

をもつディリクレ級数である．関係式 (18) は，自明でない定理

$$r(n) = 4\sum_{d\mid n}\chi(d)$$

（あるいは，定理 2 により，$\chi(n) = \dfrac{1}{4}\sum_{d\mid n}\mu\!\left(\dfrac{n}{d}\right)r(d)$）と同値である．$L(s)$ のよ
うな級数は以下 §6 に至るまで登場しない．

問 題

1. 定理 2 の 2 つの主張（(13) と (14) の同値性，および f が乗法的であると
き，かつそのときに限り g は乗法的であること）をディリクレ級数を用いない
で証明せよ．

2. (4) および §1 の定理 2, 4 より，すべての $\varepsilon>0$ に対して

16   第 I 部 ディリクレ級数

$$\sum_{n \leqq N} d(n) = O(N^{1+\varepsilon})$$

が成り立つことを示せ (実際, もっと強い結果の $d(n) = O(n^\varepsilon)$ が成り立つ).

3. 等式 $\sum_{d|n} a^{\omega(d)} = d(n^a)$ (a, n は自然数) を示せ.

4. 本節の終りの表に与えたディリクレ級数の展開式をオイラー積を利用して証明せよ. また各級数に対して収束軸を求めよ.

5. χ を

$$\chi(1) = 1, \quad \chi(p_1{}^{r_1} \cdots p_k{}^{r_k}) = r_1 \cdots r_k$$
$$(r_1, \cdots, r_k \geqq 1, \quad p_1 < \cdots < p_k \quad 素数)$$

により定義された乗法的関数とする. $0 \leqq a \leqq 4$ に対してディリクレ級数 $\sum_{n=1}^{\infty} \chi(n^a) n^{-s}$ は, リーマンのゼータ関数により (乗法的に) 表されることを示せ. (このことは他の a の値に対しては成り立たない.)

6. $F(s) = \sum_{n=1}^{\infty} f(n) n^{-s}$ を, ゼータ関数の積として表すことのできる (すなわち, $F(s) = \prod_{i=1}^{N} \zeta(a_i s + b_i)^{c_i}, a_i > 0, b_i, c_i$ は整数) ディリクレ級数とする. そのとき, 級数 $\sum_{n=1}^{\infty} \lambda(n) f(n) n^{-s}$ もまたそのように表されることを示せ. そして, 問題 4, 5 のディリクレ級数に対して, 対応する等式を書き下せ.

7. $g(n)$ を位数 n のアーベル群の, 同型でないものの個数とする. 有限アーベル群の構造定理を用いて, $g(n)$ が乗法的関数であること, 素数べき p^r に対するその値は r の分割個数 ($r = r_1 + r_2 + \cdots, \ r_1 \geqq r_2 \geqq \cdots > 0$, という r の表し方の個数) に等しいことを示せ. これより, ディリクレ級数

$$G(s) = \sum_{n=1}^{\infty} \frac{g(n)}{n^s}$$

は $\sigma > 1$ に対して, (収束する) 積

$$\zeta(s) \zeta(2s) \zeta(3s) \cdots$$

に等しいことを導け. とくに $G(s)$ は $\sigma > 1$ に対し正則で, $s = 1$ において留数

$$C = \zeta(2) \zeta(3) \zeta(4) \cdots = 2.29485 \cdots$$

の極をもつ. また

$$\sum_{n=1}^{N} g(n) = CN + O(\sqrt{N})$$

が示される. すなわち $g(n)$ の平均値は C に等しく, ゆえに有限である!

■

§3 ガ ン マ 関 数

ガンマ関数は, 重要な数学的関数の1つであり, 初等的でない関数のなかでは最も簡単なものである. それはディリクレ級数の研究において全く本質的な役割を演ずる.

関数 $n \mapsto n!$ の補間関数, すなわち連続関数 $\Pi(x)$ であってすべての自然数 n に対して $\Pi(n) = n!$ となるものを求めよう. おそらく不幸なことといえるが, ルジャンドルによって導入された記号に従えば, 変換 $x = s-1$ を行い, $\Pi(x) = \Pi(s-1)$ を $\Gamma(s)$ と記すことになる. すなわち, われわれは

(1) $\qquad\qquad \Gamma(n) = (n-1)! \qquad (n=1, 2, \cdots)$

をみたし, その上, 階乗の基本性質 $n! = n \cdot (n-1)!$ に似た性質

(2) $\qquad\qquad$ すべての $s \neq 0$ に対し $\quad \Gamma(s+1) = s\Gamma(s)$

をもつ連続関数 $\Gamma(s)$ を求めよう.

このような関数をどのように見出すか? 小さな s に対して $\Gamma(s)$ のグラフは次ページの図に示した点を通らなければならない. そしてどのように補間すべきかは明らかではない. 大きな n に対して関数 $n \mapsto n!$ は一様に急増加するから, それを補間することは比較的容易である.

(2) をくり返し適用すれば

(3) $\qquad\qquad \Gamma(s+N) = s(s+1)\cdots(s+N-1)\Gamma(s)$

が得られる. ゆえに $\Gamma(s+N)$ $(N \to \infty)$ に対する漸近式を与えることが問題となる. $s \in \mathbf{N}$ に対して

$$\Gamma(s+N) = (N+s-1)!$$
$$= (N+s-1)(N+s-2)\cdots(N+1)\cdot N \cdot (N-1)!$$

18   第 I 部　ディリクレ級数

$$= N^s\left(1+\frac{s-1}{N}\right)\left(1+\frac{s-2}{N}\right)\cdots\left(1+\frac{1}{N}\right)\cdot(N-1)!$$

でなければならない．ゆえに $N\to\infty$ に対して $\Gamma(s+N)\sim N^s(N-1)!$ である．それゆえ，すべての s に対して $\Gamma(s)$ を

$$(4)\qquad \Gamma(s)=\lim_{N\to\infty}\frac{N^s(N-1)!}{s(s+1)\cdots(s+N-1)}\qquad (s\in \boldsymbol{C})$$

によって――極限値が存在するとして――定義するのは自然であろう．$s\neq 0$, $s\notin -\boldsymbol{N}$ ならばこの極限値は存在する．実際

$$(5)\qquad \Gamma_N(s)=\frac{N^s(N-1)!}{s(s+1)\cdots(s+N-1)}\qquad (N\in \boldsymbol{N})$$

とする．そのとき

$$\frac{\Gamma_{N+1}(s)}{\Gamma_N(s)}=\left(\frac{N+1}{N}\right)^s\frac{N}{s+N}=\left(1+\frac{1}{N}\right)^s\left(1+\frac{s}{N}\right)^{-1}$$

$$=\left(1+\frac{s}{N}+O\left(\frac{1}{N^2}\right)\right)\left(1-\frac{s}{N}+O\left(\frac{1}{N^2}\right)\right)$$

$$=1+O\left(\frac{1}{N^2}\right)$$

である．これは積 $\displaystyle\prod_{N\geqq 1}\frac{\Gamma_{N+1}(s)}{\Gamma_N(s)}$ が収束すること，すなわち $\displaystyle\lim_{N\to\infty}\Gamma_N(s)$ が存在することを示す．また

$$\Gamma_N(s)=\Gamma_1(s)\prod_{n=1}^{N-1}\frac{\Gamma_{n+1}(s)}{\Gamma_n(s)}=\frac{1}{s}\prod_{n=1}^{N-1}\left[\left(1+\frac{1}{n}\right)^s\left(1+\frac{s}{n}\right)^{-1}\right]$$

であるから

(6)
$$\Gamma(s+1) = s\Gamma(s) = \prod_{n=1}^{\infty} \frac{\left(1+\frac{1}{n}\right)^s}{\left(1+\frac{s}{n}\right)}$$

である．これはオイラーにより得られた**ガンマ関数の積公式**である．

(4) によって定義された関数が性質 (2) を満たすことは明らかである．何故ならば

$$\Gamma(s+1) = \lim_{N\to\infty}\left[\frac{N^{s+1}(N-1)!}{(s+1)(s+2)\cdots(s+N)}\right]$$
$$= \lim_{N\to\infty}\left[s\cdot\frac{N}{N+s}\cdot\frac{N^s(N-1)!}{s(s+1)\cdots(s+N-1)}\right]$$
$$= \lim_{N\to\infty}\left[s\cdot\frac{N}{N+s}\cdot\Gamma_N(s)\right] = s\Gamma(s)$$

であるからである．$\Gamma(1)$ は (6) により 1 に等しいから，等式 (1) は数学的帰納法により証明される．

(4) を

(7)
$$\Gamma(s+1) = s\Gamma(s) = \lim_{N\to\infty}\left[\frac{N^s}{\left(1+\frac{s}{1}\right)\left(1+\frac{s}{2}\right)\cdots\left(1+\frac{s}{N-1}\right)}\right]$$

と書き対数をとれば，$|s|<1$ に対して

$$\log\Gamma(s+1) = \lim_{N\to\infty}\left[s\log N - \sum_{n=1}^{N-1}\log\left(1+\frac{s}{n}\right)\right]$$
$$= \lim_{N\to\infty}\left[s\log N - \sum_{n=1}^{N-1}\left(\frac{s}{n}-\frac{s^2}{2n^2}+\frac{s^3}{3n^3}-\cdots\right)\right]$$
$$= \lim_{N\to\infty}\left[s\left(\log N - \left(1+\frac{1}{2}+\frac{1}{3}+\cdots+\frac{1}{N-1}\right)\right)\right.$$
$$+ \frac{s^2}{2}\left(\frac{1}{1^2}+\frac{1}{2^2}+\cdots+\frac{1}{(N-1)^2}\right)$$
$$\left.- \frac{s^3}{3}\left(\frac{1}{1^3}+\frac{1}{2^3}+\cdots+\frac{1}{(N-1)^3}\right)+\cdots\right]$$

が得られる．数列 $1+\frac{1}{2}+\cdots+\frac{1}{N-1}-\log N$ は，容易に示されるように，N

20 第 I 部 ディリクレ級数

$\to \infty$ のとき極限値をもつ. それを γ と記し**オイラー定数**とよぶ. $r \geqq 2$ に対して $1 + \dfrac{1}{2^r} + \cdots + \dfrac{1}{(N-1)^r}$ は極限 $\sum_{n=1}^{\infty} \dfrac{1}{n^r} = \zeta(r)$ に収束する. ここで $\zeta(r)$ は (1.11) で導入されたリーマンのゼータ関数である. ゆえに

$$(8) \qquad \log \Gamma(1+s) = -\gamma s + \frac{\zeta(2)}{2} s^2 - \frac{\zeta(3)}{3} s^3 + \cdots \qquad (|s|<1)$$

が成り立つ. (ここで和と極限移行の順序交換は許される. 問題 1 参照) すなわちゼータ関数の整数点における値は, $\log \Gamma(s)$ の $s=1$ におけるテーラー展開の係数として現れるのである.

　関係式

$$1 + \frac{1}{2} + \cdots + \frac{1}{N} = \log N + \gamma + o(1)$$

を用いてさらに $\Gamma(s)$ に対する積公式を導くことができる. すなわち

$$N^s = e^{s \log N} = e^{s\left(1 + \frac{1}{2} + \cdots + \frac{1}{N} - \gamma + o(1)\right)}$$

$$\sim e^{-\gamma s} e^{s\left(1 + \frac{1}{2} + \cdots + \frac{1}{N}\right)}$$

を (7) に代入する. そうすれば, いわゆる**ワイエルストラスの積表現**とよばれる公式

$$(9) \qquad \frac{1}{\Gamma(s)} = s e^{\gamma s} \prod_{n=1}^{\infty} \left[\left(1 + \frac{s}{n}\right) e^{-s/n} \right]$$

が得られるのである. (6) または (9) から, 関数 $1/\Gamma(s)$ は全複素平面で定義され正則であることがわかる. (積展開は収束する.) さらに $1/\Gamma(s)$ は (9) により $s=0, -1, -2, \cdots$ で 1 位の零点をもち, それら以外では 0 とは異なる. これで次の定理が証明された.

　定理 (4), (6) あるいは (9) によって与えられた関数 $\Gamma(s)$ は, s の有理型関数として全複素平面で定義される. それは $s=0, -1, -2, \cdots$ において 1 位の極をもちそれら以外では正則である. さらにそれは決して 0 にはならない. すなわち $1/\Gamma(s)$ はいたるところ正則である. ——

　実数 s に対しては, $\Gamma(s), \dfrac{1}{\Gamma(s)}$ はそれぞれ次のようになる.

　次にガンマ関数の組が示す性質を挙げる.

§3 ガンマ関数   21

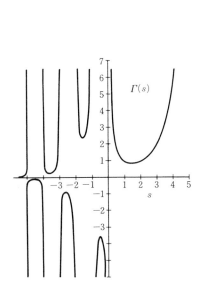
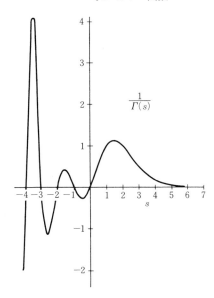

1.
$$f(s) = \Gamma\left(\frac{s}{2}\right)\Gamma\left(\frac{s+1}{2}\right)$$

とする．そのとき

$$f(s+1) = \Gamma\left(\frac{s+1}{2}\right)\Gamma\left(\frac{s}{2}+1\right) = \frac{s}{2}\Gamma\left(\frac{s+1}{2}\right)\Gamma\left(\frac{s}{2}\right) = \frac{s}{2}f(s)$$

あるいは $2^{s+1}f(s+1) = s \cdot 2^s f(s)$ が成り立つ．そのとき，$2^s f(s)$ が $\Gamma(s)$ の定数倍であろうと予想するのは自然である．そして実際そのことが成り立つ．

$$2^s \Gamma\left(\frac{s}{2}\right)\Gamma\left(\frac{s+1}{2}\right)$$

$$= \lim_{N \to \infty} 2^s \left[\frac{N^{\frac{s}{2}}(N-1)!}{\frac{s}{2}\left(\frac{s}{2}+1\right)\cdots\left(\frac{s}{2}+N-1\right)} \right.$$

$$\left. \cdot \frac{N^{\frac{s+1}{2}}(N-1)!}{\left(\frac{s+1}{2}\right)\left(\frac{s+1}{2}+1\right)\cdots\left(\frac{s+1}{2}+N-1\right)} \right]$$

$$= \lim_{N \to \infty} \left[\frac{2^{2N+s} N^{s+\frac{1}{2}}(N-1)!^2}{s(s+2)(s+4)\cdots(s+2N-2)\cdot(s+1)(s+3)\cdots(s+2N-1)} \right]$$

22   第 I 部　ディリクレ級数

$$= \lim_{N \to \infty}\left[2^{2N} N^{\frac{1}{2}} \frac{(N-1)!^2}{(2N-1)!} \frac{(2N)^s (2N-1)!}{s(s+1)(s+2)\cdots(s+2N-1)} \right]$$
$$= C\Gamma(s),$$

(10) $$C = \lim_{N \to \infty}\left[2^{2N} N^{\frac{1}{2}} \frac{(N-1)!^2}{(2N-1)!} \right].$$

定数 C は $2\sqrt{\pi}$ に等しい (問題 4 をみよ), ゆえにわれわれは**ルジャンドルの倍積公式** (duplicationformula)

(11) $$\Gamma\left(\frac{s}{2}\right)\Gamma\left(\frac{s+1}{2}\right) = 2^{1-s}\sqrt{\pi}\,\Gamma(s)$$

を得た. とくに $s=1$ とおけば

(12) $$\Gamma\left(\frac{1}{2}\right) = \sqrt{\pi}$$

が得られる.

2. 関数 $\dfrac{1}{\Gamma(s)}$ は正則で $s=0, -1, -2, \cdots$ において零点をもつ. ゆえに関数

$$g(s) = \frac{1}{\Gamma(s)\,\Gamma(1-s)}$$

もまた正則で $s=\cdots, -2, -1, 0, 1, 2, \cdots$ に零点をもつ. さらに

$$g(s+1) = \frac{1}{\Gamma(1+s)\,\Gamma(-s)} = \frac{1}{s\Gamma(s)\,\Gamma(-s)}$$
$$= \frac{-1}{\Gamma(s)\,\Gamma(1-s)} = -g(s)$$

が成り立つ. とくに $g(s)$ は周期 2 をもつ周期関数である. そのとき, $g(s) = C\sin \pi s$ と考えるのは自然であろう. そしてこの定数 C は $\lim\limits_{s\to 0}[g(s)/s] = \lim\limits_{s\to 0}[1/\Gamma(1+s)\,\Gamma(1-s)] = 1$ により $1/\pi$ に等しくなければならない. したがって

(13) $$\Gamma(s)\,\Gamma(1-s) = \frac{\pi}{\sin \pi s}$$

となるであろう.

この公式は実際正しい. それはたとえば (9) およびよく知られた公式

(14) $$\frac{\sin \pi s}{\pi s} = \prod_{n=1}^{\infty}\left(1 - \frac{s^2}{n^2}\right)$$

§3 ガンマ関数　**23**

から導かれる.

3. 最後に

$$h(s) = \int_0^\infty t^{s-1} e^{-t} dt$$

とする. 積分は $\sigma > 0$ に対して収束し,

$$h(s+1) = \int_0^\infty t^s d(-e^{-t}) = \int_0^\infty e^{-t} d(t^s)$$
$$= s \int_0^\infty t^{s-1} e^{-t} dt = sh(s)$$

が成り立つ (部分積分法). そして

$$h(1) = \int_0^\infty e^{-t} dt = 1;$$

関数 $h(s)$ はそれゆえ, 上述の性質 1, 2 をもつ, もともとさがし求めていた関数 $\Gamma(s)$ の 1 つの候補である. 実際, $h(s) = \Gamma(s)$ を示すのはそう難しくはない (問題 6 参照). こうして

$$(15) \qquad \Gamma(s) = \int_0^\infty t^{s-1} e^{-t} dt \qquad (\sigma > 0)$$

が得られる.

ディリクレ級数の理論に対するガンマ関数の重要性を明示しているのがこの公式である. すなわち

$$\int_0^\infty t^{s-1} e^{-nt} dt = n^{-s} \int_0^\infty u^{s-1} e^{-u} du \qquad (u = nt)$$
$$= \Gamma(s) n^{-s}.$$

ゆえに (絶対収束する領域で)

$$(16) \qquad \sum_{n=1}^\infty \frac{a_n}{n^s} = \frac{1}{\Gamma(s)} \int_0^\infty \left(\sum_{n=1}^\infty a_n e^{-nt} \right) t^{s-1} dt$$

が得られる. これは (通常) ディリクレ級数 $f(s) = \sum a_n n^{-s}$ と同じ係数をもつべき級数 $F(z) = \sum a_n z^n$ が積分変換, いわゆる**メリン変換**

$$(17) \qquad f(s) = \frac{1}{\Gamma(s)} \int_0^\infty F(e^{-t}) t^{s-1} dt$$

によって互いに結ばれていることを意味する. これより, べき級数の性質からディリクレ級数の性質を導いたり, あるいは逆行したりすることができるので

24 第 I 部 ディリクレ級数

ある.

また自然に，通常でないディリクレ級数に対しても (16) の類似が成り立つ. すなわち

$$(18) \qquad \sum_{n=1}^{\infty} a_n \lambda_n^{-s} = \frac{1}{\Gamma(s)} \int_0^{\infty} \Big(\sum_{n=1}^{\infty} a_n e^{-\lambda_n t} \Big) t^{s-1} dt.$$

(16) の例として，§1 でとりあげたディリクレ級数を考えよう.

$\zeta(s) = \sum\limits_{n=1}^{\infty} n^{-s}$ に対して $a_n = 1$, ゆえに $\sum a_n e^{-nt} = \dfrac{1}{e^t - 1}$ で，したがって

$$(19) \qquad \zeta(s) = \frac{1}{\Gamma(s)} \int_0^{\infty} \frac{t^{s-1} dt}{e^t - 1} \qquad (\sigma > 1)$$

がわかる. $\psi(s) = \sum (-1)^{n-1} n^{-s} = (1 - 2^{1-s}) \zeta(s)$ に対しては $a_n = (-1)^{n-1}$, ゆえに $\sum a_n e^{-nt} = \dfrac{1}{e^t + 1}$ で，したがって

$$(20) \qquad (1 - 2^{1-s}) \zeta(s) = \frac{1}{\Gamma(s)} \int_0^{\infty} \frac{t^{s-1} dt}{e^t + 1} \qquad (\sigma > 0)$$

が成り立つ.

問 題

1. $\gamma = \lim\limits_{N \to \infty} \Big(1 + \dfrac{1}{2} + \cdots + \dfrac{1}{N} - \log N \Big)$ の存在，および，(8) を導くときの，和と極限移行の順序交換が許されることを示せ.

2. 各自然数 n に対して，n にのみ依存する係数 C_n により，関係

$$n^s \Gamma\Big(\frac{s}{n}\Big) \Gamma\Big(\frac{s+1}{n}\Big) \cdots \Gamma\Big(\frac{s+n-1}{n}\Big) = C_n \Gamma(s)$$

が成り立つことを証明せよ. (実は $C_n = (2\pi)^{\frac{n-1}{2}} \sqrt{n}$ である. 問題 5 をみよ.) この公式はガウスによる.

3. 各極における $\Gamma(s)$ の留数を求めよ.

4. (10) によって定義された定数 C は $2\sqrt{\pi}$ に等しいことを証明せよ. それには，(13) から値 $\Gamma\Big(\dfrac{1}{2}\Big) = \sqrt{\pi}$ を導き，

$$2^s \Gamma\Big(\frac{s}{2}\Big) \Gamma\Big(\frac{s+1}{2}\Big) = C \Gamma(s)$$

§4 リーマンのゼータ関数 **25**

に $s=1$ を代入すればよい. また (12), (15) より

$$\int_0^\infty e^{-t^2} dt = \frac{1}{2}\sqrt{\pi}$$

も導かれる.

5. スターリングの公式

$$\Gamma(x) \sim \sqrt{2\pi}\, x^{x-\frac{1}{2}} e^{-x} \qquad (x\to\infty)$$

を証明せよ. そのためには, まず極限 (4) の存在証明を模範として, 極限 A $=\lim_{x\to\infty}[\Gamma(x)/x^{x-\frac{1}{2}}e^{-x}]$ が存在することを証明せよ. そのとき, 問題 4 で証明されたことより (10) の右辺は $2\sqrt{\pi}$ に等しく, $A=\sqrt{2\pi}$ であることが示される. また問題 2 の定数 C_n の値が $(2\pi)^{\frac{n-1}{2}}\sqrt{n}$ であることを示すのにスターリングの公式を用いよ.

6. (15) を証明せよ. それにはまず関係

$$\int_0^N \left(1-\frac{t}{N}\right)^N t^{s-1} dt = N^s \sum_{r=0}^N \frac{(-1)^r \binom{N}{r}}{r+s}$$
$$= \frac{N}{N+s}\Gamma_N(s)$$

を証明せよ. (第一の等式は項別積分, 第二の等式は s の 2 つの有理関数の極が等しいことより得られる.) そのとき $N\to\infty$ とすれば, $\lim_{N\to\infty}\left(1-\frac{t}{N}\right)^N = e^{-t}$ を用いて (15) が得られる.

■

§4 リーマンのゼータ関数

もっとも簡単な, もっとも重要なディリクレ級数は (1.11) で導入されたリーマンのゼータ関数

$$(1) \qquad\qquad \zeta(s) = \sum_{n=1}^\infty \frac{1}{n^s} \qquad (\sigma>1)$$

である. すでに §1 で, $\zeta(s)$ は半平面 $\sigma>0$ に有理型関数として接続されること, そして実際 (§1 の問題 3) ただ 1 つの特異点として $s=1$ で 1 位の極をも

26　第 I 部　ディリクレ級数

つことを示した. また § 2 において $\sigma > 1$ に対して成り立つオイラー積表示

$$(2) \qquad \zeta(s) = \prod_p \frac{1}{1 - p^{-s}} \qquad (p：素数)$$

を証明した. § 3 においては, 同じく $\sigma > 1$ に対して成り立つ積分表示

$$(3) \qquad \zeta(s) = \frac{1}{\Gamma(s)} \int_0^\infty \frac{t^{s-1}}{e^t - 1} dt$$

を得た. この節で証明する, ゼータ関数のもっとも重要な性質は, 次の定理に
まとめられる.

　定理　(1) によって $\sigma > 1$ に対して定義された関数 $\zeta(s)$ は全複素平面に有理
型に接続される. そして, ただ 1 つの極として, $s=1$ において留数 1 の 1 位
の極をもつ. 非正な整数に対するゼータ関数の値は有理数で, 実際

$$(4) \qquad \zeta(0) = -\frac{1}{2},$$

$$(5) \qquad \zeta(-2n) = 0 \qquad (n=1, 2, 3, \cdots),$$

$$(6) \qquad \zeta(1-2n) = -\frac{B_{2n}}{2n} \qquad (n=1, 2, 3, \cdots)$$

である. ここで有理数 $B_2 = \frac{1}{6}, B_4 = -\frac{1}{30}, \cdots$ は

$$(7) \qquad \frac{t}{e^t - 1} = \sum_{k=0}^\infty \frac{B_k}{k!} t^k \qquad (|t| < 2\pi)$$

によって定義される**ベルヌーイ数**である. ゼータ関数の, 正の偶数に対する値
は

$$(8) \qquad \zeta(2n) = \frac{(-1)^{n-1} 2^{2n-1} B_{2n}}{(2n)!} \pi^{2n} \qquad (n=1, 2, 3, \cdots)$$

により与えられる.

　証明　積分表示 (3) から出発する. 数 B_k $(k=0, 1, 2, \cdots)$ は (7) によって定
義される. すなわち

$$\frac{t}{e^t - 1} = \frac{t}{t + \frac{t^2}{2!} + \frac{t^3}{3!} + \cdots}$$

$$= 1 - \frac{t}{2} + \frac{t^2}{12} + 0 t^3 - \frac{t^4}{720} + \cdots$$

と展開し, 右辺における t^n の係数の $n!$ 倍を B_n と定義するのである.

$$\frac{t}{e^t-1}-\frac{-t}{e^{-t}-1} = -t$$

より，$B_1 = -\dfrac{1}{2}$ をのぞいて奇数 n に対する B_n はすべて 0 であることがわかる．さて $n>0$ を固定し，

$$f_n(t) = \sum_{k=0}^{n}(-1)^k\frac{B_k}{k!}t^k$$
$$= 1+\frac{t}{2}+\frac{B_2}{2!}t^2+\cdots+\frac{B_n}{n!}t^n$$

とおく．($n>1$ に対して $(-1)^nB_n=B_n$.) そのとき $\sigma>1$ に対して

$$\Gamma(s)\cdot\zeta(s) = \int_0^\infty \frac{te^t}{e^t-1}e^{-t}t^{s-2}dt$$
$$(9) \qquad = \int_0^\infty\Big(\frac{te^t}{e^t-1}-f_n(t)\Big)e^{-t}t^{s-2}dt + \int_0^\infty f_n(t)\,e^{-t}t^{s-2}dt$$
$$= I_1(s)+I_2(s)$$

である．ここで I_1, I_2 はそれぞれ順に上の 2 つの積分を表す．関数 $\dfrac{te^t}{e^t-1}$ は $t=0$ で正則，そこでテイラー展開

$$\frac{te^t}{e^t-1} = \frac{-t}{e^{-t}-1} = \sum_{k=0}^\infty\frac{(-1)^k}{k!}B_kt^k$$

をもつ．よって

$$\frac{te^t}{e^t-1}-f_n(t) = O(t^{n+1}) \qquad (t\to0)$$

である．これより，積分 $I_1(s)$ は $\sigma>-n$ であるすべての s に対して収束することがわかる．（何故ならば被積分関数は $t\to0$ に対して $O(t^{n+\sigma-1})$ であり，$t\to\infty$ に対しては指数関数的に小さいからである．）ゆえに $I_1(s)$ は領域 $\sigma>-n$ において正則関数を表す．第二の積分 $I_2(s)$ は $\sigma>1$ に対してのみ収束するが，しかし $f_n(t)$ は多項式であるから (3.15) を用いてはっきりと計算することができる．すなわち

$$(10) \qquad \begin{aligned} I_2(s) &= \int_0^\infty\Big[1+\frac{t}{2}+\sum_{k=2}^n\frac{B_k}{k!}t^k\Big]e^{-t}t^{s-2}dt \\ &= \Gamma(s-1)+\frac{1}{2}\Gamma(s)+\sum_{k=2}^n\frac{B_k}{k!}\Gamma(s+k-1). \end{aligned}$$

28   第I部　ディリクレ級数

これは §3 の結果から全複素平面で有理型の関数であり，よって $\zeta(s)$ は半平面 $\sigma>-n$ に（n は任意であるから結局は全平面に）有理型的に接続される．(10) を (9) に代入し，関数等式 (3.3) を応用すれば $\sigma>-n$ に対して成り立つゼータ関数の表現

$$(11)\qquad \zeta(s)=\frac{1}{s-1}+\frac{1}{2}+\sum_{k=2}^{n}\frac{B_k}{k!}s(s+1)\cdots(s+k-2)+\frac{1}{\Gamma(s)}I_1(s)$$

が得られる．ここで $I_1(s)$ は $\sigma>-n$ で正則である．§3 により $\frac{1}{\Gamma(s)}$ はいたるところ正則であるから，この公式は $\zeta(s)-\frac{1}{s-1}$ が $\sigma>-n$ で正則であることを示す．n は任意であるから $\zeta(s)-\frac{1}{s-1}$ は $\boldsymbol{C}$ 全体で正則である．これで第一の主張は証明された．

　次に s を整数，$>-n$ かつ ≤ 0 とする．そのとき，ガンマ関数は s において極をもつから $\frac{1}{\Gamma(s)}I_1(s)$ はそこで 0 に等しい．よって

$$
\begin{aligned}
\zeta(s)={}&\frac{1}{s-1}+\frac{1}{2}+\frac{s}{12}-\frac{s(s+1)(s+2)}{720}\\
&+\frac{s(s+1)(s+2)(s+3)(s+4)}{30240}-\cdots\\
&+\frac{B_n}{n!}s(s+1)\cdots(s+n-2)\qquad(s=0,-1,-2,\cdots,-n+1)
\end{aligned}
$$
(12)

である．これは

$$
\begin{aligned}
\zeta(0)&=\frac{1}{-1}+\frac{1}{2}=-\frac{1}{2},\\
\zeta(-1)&=\frac{1}{-2}+\frac{1}{2}-\frac{1}{12}=-\frac{1}{12},\\
\zeta(-2)&=\frac{1}{-3}+\frac{1}{2}-\frac{1}{6}+0=0,\\
\zeta(-3)&=\frac{1}{-4}+\frac{1}{2}-\frac{1}{4}+0+\frac{1}{120}=\frac{1}{120},\\
\zeta(-4)&=\frac{1}{-5}+\frac{1}{2}-\frac{1}{3}+0+\frac{1}{30}+0=0
\end{aligned}
$$
(13)

が成り立つことを示している．（十分大きな n をとり）この操作を続けておの

おの非負の整数 k に対する $\zeta(-k)$ を計算することができる. その値がすべて有理数であることは明らかである. (12) からはっきりとした値

$$\zeta(-k) = \frac{-1}{k+1} + \frac{1}{2} + \sum_{r=2}^{n} \frac{B_r}{r!}(-k)(-k+1)\cdots(-k+r-2)$$

$$(n > k)$$

$$= -\frac{1}{k+1} + \frac{1}{2} + \sum_{r=2}^{k+1}(-1)^{r-1}\frac{B_r}{r!}\frac{k!}{(k+1-r)!}$$

$$= -\frac{1}{k+1}\sum_{r=0}^{k+1}\binom{k+1}{r}B_r$$

が得られる. この和は (5), (6) において主張されたように, $k>0$ に対して常にその最終項 $-\dfrac{B_{k+1}}{k+1}$ に等しいこと (例 (13) 参照), すなわちベルヌーイ数が関係

(14) $$\sum_{r=0}^{n}\binom{n}{r}B_r = (-1)^n B_n$$

をみたすことは, 生成級数 (7) を用いて容易に証明される. 実際

$$\sum_{n=0}^{\infty}\left[\sum_{r=0}^{n}\binom{n}{r}B_r\right]\frac{t^n}{n!} = \sum\sum_{0\leq r\leq n}\frac{B_r t^n}{r!(n-r)!}$$

$$= \sum_{r=0}^{\infty}\sum_{k=0}^{\infty}\frac{B_r t^{r+k}}{r!k!} = \left(\sum_{r=0}^{\infty}\frac{B_r}{r!}t^r\right)\left(\sum_{k=0}^{\infty}\frac{t^k}{k!}\right)$$

$$= \frac{t}{e^t-1}\cdot e^t = \frac{-t}{e^{-t}-1} = \sum_{n=0}^{\infty}(-1)^n B_n\frac{t^n}{n!}$$

である.

関係 (14) は B_n の計算のための漸化式として用いられる. あと, $\zeta(2n)$ の値についての主張, すなわち

$$\sum_{n=1}^{\infty}\frac{1}{n^2} = \frac{\pi^2}{6}, \quad \sum_{n=1}^{\infty}\frac{1}{n^4} = \frac{\pi^4}{90}, \quad \sum_{n=1}^{\infty}\frac{1}{n^6} = \frac{\pi^6}{945},$$

$$\sum_{n=1}^{\infty}\frac{1}{n^8} = \frac{\pi^8}{9450}, \quad \sum_{n=1}^{\infty}\frac{1}{n^{10}} = \frac{\pi^{10}}{93555},$$

$$\sum_{n=1}^{\infty}\frac{1}{n^{12}} = \frac{691\pi^{12}}{638512875}, \quad \cdots$$

を証明することが残っている. このうちの最初の 2 つはオイラーにより発見されたが, 誠に誇るべきものである. §3 の等式 (13) および (8) を用いて

30　第I部　ディリクレ級数

$$\sum_{n=1}^{\infty} (-1)^{n-1} 2^{2n-1} \pi^{2n} \frac{B_{2n}}{(2n)!} s^{2n}$$

$$= -\frac{1}{2}\left[\frac{2\pi i s}{e^{2\pi i s}-1} - 1 + \frac{2\pi i s}{2}\right] \qquad (|s|<1)$$

$$= \frac{1}{2} - \frac{\pi i s}{2} \frac{e^{\pi i s} + e^{-\pi i s}}{e^{\pi i s} - e^{-\pi i s}}$$

$$= \frac{1}{2}\left(1 - \frac{\pi s}{\tan \pi s}\right)$$

$$= \frac{s}{2} \frac{d}{ds} \log \frac{\pi s}{\sin \pi s}$$

$$= \frac{s}{2} \frac{d}{ds} \log[\Gamma(1+s)\Gamma(1-s)]$$

$$= \frac{s}{2} \frac{d}{ds}\left[\zeta(2)s^2 + \frac{\zeta(4)}{2}s^4 + \cdots\right]$$

$$= \sum_{n=1}^{\infty} \zeta(2n) s^{2n}$$

を得る.（ここでガンマ関数を経由することは必ずしも必要ではなく，直接に (3.14) から $\frac{s}{2}\frac{d}{ds}\log\frac{\pi s}{\sin \pi s} = \sum_{k=1}^{\infty}\zeta(2k)s^{2k}$ を導くことができる.）これで定理は完全に証明された. ――

　$\zeta(2n)$ と $\zeta(1-2n)$ の値が同じベルヌーイ数を含むという事実は，おそらく $\zeta(s)$ と $\zeta(1-s)$ の間にある種の関係が存在するであろうと想像させる.（5），（6）および（8）をまとめて

$$\frac{2^{k-1}\pi^k}{(k-1)!}\zeta(1-k) = \begin{cases} (-1)^{k/2}\zeta(k) & k>0,\ \text{偶数,} \\ 0 & k>1,\ \text{奇数} \end{cases}$$

と書き，関数 $k \mapsto (k-1)!$ が §3 により $\Gamma(k)$ を補間関数としてもつこと，一方

$$k \longmapsto \begin{cases} (-1)^{k/2} & k\ \text{偶数,} \\ 0 & k\ \text{奇数} \end{cases}$$

が自然に $\cos\frac{\pi k}{2}$ により補間されることに注意すれば，関係式

(15) $$\frac{2^{s-1}\pi^s}{\Gamma(s)}\zeta(1-s) = \cos\frac{\pi s}{2}\zeta(s)$$

が成り立つと予想するのは自然である．これが有名なゼータ関数の関数等式であり，1749年オイラーにより類似の考察に基づいて予想された．("Remarques sur un beau rapport entre les series des puissances tant directes que réciproques" Berlin Akademie への投稿論文の1つ．) そして1859年にリーマンにより，彼の画期的な論文 "Über die Anzahl der Primzahlen unter einer gegebenen Größe" において証明された．(関数等式の1つの証明は問題2に提示されている．) ガンマ関数の関数等式 (3.11), (3.13) を応用すれば，(15) は対称な形

(16) $$\pi^{-\frac{s}{2}}\Gamma\left(\frac{s}{2}\right)\zeta(s) = \pi^{-\frac{1-s}{2}}\Gamma\left(\frac{1-s}{2}\right)\zeta(1-s)$$

に書かれる．

$\sigma>1$ に対し (16) の左辺は 0 と異なる．何故ならば (§2 ですでに注意したように) 積表示 (2) は $\zeta(s)$ がそこで消えないことを含んでいるからである．そのとき (16) から，$\zeta(s)$ は半平面 $\sigma<0$ において，$\Gamma\left(\frac{s}{2}\right)$ が極をもつ点においてのみ，すなわち $s=-2, -4, -6, \cdots$ においてのみ1位の零点をもつ．ゆえに

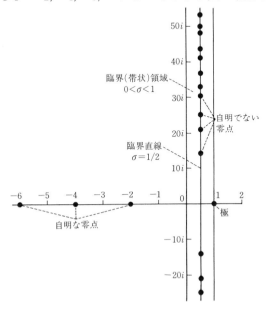

関数 $\zeta(s)$ は

$s=1$ で 1 位の極,

$s=-2, -4, \cdots$ で 1 位の零点 (いわゆる "**自明な零点**"),

および "臨界 (帯状) 領域" $0<\sigma<1$ にある (かもしれない) 零点

をもつ. (実際, その領域には無限個の零点が存在する.) 臨界領域における零点を, 絶対値の小さい方から並べると

$$\frac{1}{2}\pm 14.134725\cdots i,$$

$$\frac{1}{2}\pm 21.022040\cdots i,$$

$$\frac{1}{2}\pm 25.010856\cdots i,$$

$$\frac{1}{2}\pm 30.424878\cdots i$$

である.

臨界 (帯状) 領域におけるすべての零点は, 実数部 $\frac{1}{2}$ をもつと予想するのは自然である. それは有名な, 今日まで証明されていない (誤まりの可能性もあ

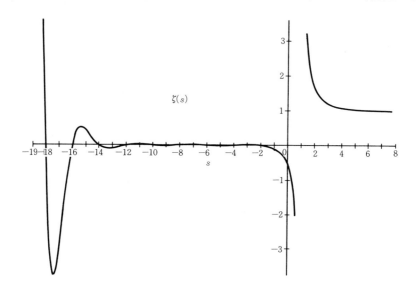

§4 リーマンのゼータ関数 **33**

る) **リーマン予想**である. 直線 $\sigma=\dfrac{1}{2}$ の上には無限個の $\zeta(s)$ の零点が存在することは知られている. また臨界領域におけるはじめの 150,000,000 個の零点は $\sigma=\dfrac{1}{2}$ 上にあることも知られている.

実軸上でみると $\zeta(s)$ は前ページの図のようになる.

問 題

1. §2 のおわりに導入した関数

$$L(s) = 1-\frac{1}{3^s}+\frac{1}{5^s}-\cdots$$

に対し, 次のことを示せ:

a) $L(s) = \dfrac{1}{\Gamma(s)}\displaystyle\int_0^\infty \dfrac{t^{s-1}dt}{e^t+e^{-t}}$ $(\sigma>0)$,

b) $L(s)$ は $\boldsymbol{C}$ 全体に正則に接続される,

c) $L(-n) = \dfrac{1}{2}E_n$ $(n=0,1,2,\cdots)$,

ここで E_n は

$$\frac{1}{\cosh x} = \sum_{n=0}^\infty \frac{E_n}{n!}x^n$$

によって定義される**オイラー数**である. $(E_0=1, E_2=-1, E_4=5, E_6=-61, \cdots,$
$E_1=E_3=E_5=\cdots=0.)$

d) $L(2n+1) = \dfrac{(-1)^n E_{2n}}{2^{2n+2}(2n)!}\pi^{2n+1}$ $(n=0,1,2,\cdots)$.

2. 関数等式 (15) を, 次の各段階をふんで証明せよ.

a) (3) から出発して, $\sigma>1$ に対して

$$\Gamma(s)\zeta(s) = \int_0^1\left(\frac{1}{e^x-1}-\frac{1}{x}\right)x^{s-1}dx+\frac{1}{s-1}$$
$$+\int_1^\infty \frac{x^{s-1}}{e^x-1}dx$$

を示せ. この等式は解析接続により $\sigma>0$ に対して成り立ち, $0<\sigma<1$ に対して

34   第 I 部 ディリクレ級数

$$\Gamma(s)\,\zeta(s) = \int_0^\infty \Big(\frac{1}{e^x-1}-\frac{1}{x}\Big)x^{s-1}dx$$

とかかれることを示せ.

b) a) から出発して, $0<\sigma<1$ に対して

$$\Gamma(s)\,\zeta(s) = \int_0^1 \Big(\frac{1}{e^x-1}-\frac{1}{x}+\frac{1}{2}\Big)x^{s-1}dx - \frac{1}{2s}$$
$$+ \int_1^\infty \Big(\frac{1}{e^x-1}-\frac{1}{x}\Big)x^{s-1}dx$$

を示せ. それはまた解析接続により $-1<\sigma<1$ に対しても成り立ち, $-1<\sigma<0$ に対して公式

$$\Gamma(s)\,\zeta(s) = \int_0^\infty \Big(\frac{1}{e^x-1}-\frac{1}{x}+\frac{1}{2}\Big)x^{s-1}dx$$

を与える.

c) (3.14) から

$$\frac{\pi s}{\tan \pi s}-1 = s\frac{d}{ds}\log\frac{\sin \pi s}{\pi s} = -\sum_{n=1}^\infty \frac{2s^2}{n^2-s^2}$$

が成り立つことを結論せよ. そして $s=\dfrac{ix}{2\pi}$ とおいて

$$\frac{1}{e^x-1}-\frac{1}{x}+\frac{1}{2} = \frac{1}{x}\Big(\frac{ix/2}{\tan ix/2}-1\Big)$$
$$= \sum_{n=1}^\infty \frac{2x}{x^2+4n^2\pi^2}$$

を導け.

d) c) を b) に代入し (絶対収束性により積分と和の順序を交換することは許されるから) $-1<\sigma<0$ に対して, 公式

$$\Gamma(s)\,\zeta(s) = 2\sum_{n=1}^\infty (2\pi n)^{s-1}\int_0^\infty \frac{t^s dt}{t^2+1}$$
$$= \frac{2^{s-1}\pi^s}{\cos\dfrac{\pi s}{2}}\zeta(1-s)$$

を証明せよ. そのとき解析接続によりすべての s に対して, その関数等式は証明される.

3. $\sigma>1$ に対して関係

$$\zeta(s) = \frac{s}{s-1} - \frac{s}{2!}[\zeta(s+1)-1] - \frac{s(s+1)}{3!}[\zeta(s+2)-1] - \cdots$$

を証明せよ. そのために $\zeta(s) = \sum n^{-s}$ とおき, 和の順序を交換するのである. この公式を用いて, $\zeta(s) - \dfrac{1}{s-1}$ が C 全体に正則に接続されることを示せ.

4. γ をオイラー定数とする.

$$(17) \qquad\qquad \zeta(s) = \frac{1}{s-1} + \gamma + O(s-1) \qquad (s \to 1)$$

を証明せよ.

■

§5 指　標

重要なディリクレ級数 (ゼータ関数の親類) は "L 級数" である. それはディリクレによって導入され, 次のことを証明するために用いられた.

a)　$(N, a) = 1$ である等差数列 $\{Nk+a\}_{k=1,2,3,\cdots}$ の中には無限個の素数が存在すること,

b)　与えられた判別式をもつ 2 元 2 次形式の同値類の個数を与える公式.

L 級数は, ある種の指標に対応してつくられた関数である. われわれは §§6-8 においてディリクレの結果を詳述するが, それ以前にこの指標についていささか学んでおく必要がある.

有限群 G 上の**指標**とは, 準同型

$$\chi : G \longrightarrow C^*$$

のことである. ここで C^* は 0 と異なる複素数の群 (群演算は乗法) である. χ, χ' が G 上の 2 つの指標ならば, **積** $\chi\chi'$ および**逆** χ^{-1} を

$$\chi\chi'(g) = \chi(g)\chi'(g), \qquad \chi^{-1}(g) = \chi(g)^{-1} \qquad (\forall g \in G)$$

により定義することができる. よって G 上の指標は 1 つの群をつくる. それを $\widehat{G}$ で示す.

定理1　G を有限アーベル群とする. そのとき $\widehat{G}$ は G に同型である. とくに $|\widehat{G}| = |G|$.

36　第 I 部　ディリクレ級数

証明　よく知られているように，G は有限巡回群の直和である．ゆえに G は生成元 $g_1, \cdots, g_k$ をもつ．その位数をそれぞれ $n_1, \cdots, n_k$ とする．各 $g \in G$ は，$r_1, \cdots, r_k \in \mathbf{Z}$ を用いて $g = g_1{}^{r_1} \cdots g_k{}^{r_k}$ の形に書かれる．χ を G の指標とし $\chi(g_i) = \xi_i$ $(i = 1, \cdots, k)$ とすれば

$$\xi_i{}^{n_i} = \chi(g_i)^{n_i} = \chi(g_i{}^{n_i}) = \chi(e) = 1$$

であり

$$(1) \qquad \chi(g_1{}^{r_1} \cdots g_k{}^{r_k}) = \chi(g_1)^{r_1} \cdots \chi(g_k)^{r_k} = \xi_1{}^{r_1} \cdots \xi_k{}^{r_k}$$

である．すなわち ξ_i は 1 の n_i 乗根であり χ は ξ_i により決定される．逆に，$\xi_1, \cdots, \xi_k \in \mathbf{C}^*$，$\xi_i{}^{n_i} = 1$ $(i = 1, \cdots, k)$，を任意にえらぶとき，(1) は指標を定義する．よって，指標 χ と $\xi_i{}^{n_i} = 1$ をみたす数の k 組 $(\xi_1, \cdots, \xi_k)$ の間に 1 対 1 の対応が存在する．ここで指標の積は ξ_i の積に対応する．それゆえ

$$\hat{G} \cong \{(\xi_1, \cdots, \xi_k) \in \mathbf{C}^k \mid \xi_1{}^{n_1} = \cdots = \xi_k{}^{n_k} = 1\}$$
$$\cong \mathbf{Z}/n_1\mathbf{Z} \times \mathbf{Z}/n_2\mathbf{Z} \times \cdots \times \mathbf{Z}/n_k\mathbf{Z} \cong G. \qquad \rule{2em}{0.4pt}$$

注意　G を有限群とすると，$\chi(g)$ は各 $g \in G$ に対して 1 のべき根であり，したがって絶対値は 1 である．よって

$$\bar{\chi}(g) = \overline{\chi(g)} \qquad (\forall g \in G)$$

によって定義された χ の共役指標は，すでに定義された逆指標と一致する．

定義　$\bmod N$ (N は自然数) の**ディリクレ指標**とは，群

$$(\mathbf{Z}/N\mathbf{Z})^\times = \{n (\bmod N) \mid (n, N) = 1\}$$

上の指標のことである．χ がこのような指標であるとき，関数 $\chi : \mathbf{Z} \to \mathbf{C}$ (同じ χ を用いる) を

$$\chi(n) = \begin{cases} \chi(n(\bmod N)) & (n, N) = 1, \\ 0 & (n, N) > 1 \end{cases}$$

によって定義する．この関数 χ もまたディリクレ指標とよばれる．

ディリクレ指標 $(\bmod N)$ はまた，次の性質をもつ関数 $\chi : \mathbf{Z} \to \mathbf{C}$ であるということもできる．

(1)　$\chi(n) = 0 \Longleftrightarrow (n, N) > 1$,

(2)　χ は強い意味で乗法的である．すなわち，すべての $m, n \in \mathbf{Z}$ に対して $\chi(mn) = \chi(m)\chi(n)$,

§5 指標　37

(3)　$\chi(n)$ は $n(\bmod N)$ にのみ依存する．——

定理 1 により $\varphi(N)$ 個のディリクレ指標が存在する．ここで

$$\varphi(N) = |(\mathbf{Z}/N\mathbf{Z})^{\times}| = \#\{n(\bmod N) \mid (n, N)=1\}$$

$$= N\prod_{p|N}\Big(1-\frac{1}{p}\Big)$$

は N の**オイラー関数**とよばれる．

例　a)　各 N に対して**主指標** $\chi_0(\bmod N)$ は

$$\chi_0(n) = \begin{cases} 1 & (n, N) = 1, \\ 0 & (n, N) > 1 \end{cases}$$

により定義される．（それは $\widehat{(\mathbf{Z}/N\mathbf{Z})^{\times}}$ の単位元に対応する．）

b)　$N=2$ に対して $\varphi(N)=1$．ゆえに χ_0 がただ 1 つの指標である．$N=3, 4,$ 6 に対しては $\varphi(N)$ はいずれも 2 に等しい．よって主指標のほかに次の指標がそれぞれ存在する．

n	0	1	2	3	4	5	6	$\cdots$
$\varepsilon_3(n)$	0	1	-1	0	1	-1	0	$\cdots$

n	0	1	2	3	4	5	6	7	8	$\cdots$
$\varepsilon_4(n)$	0	1	0	-1	0	1	0	-1	0	$\cdots$

n	0	1	2	3	4	5	6	7	8	9	10	11	12	13	$\cdots$
$\varepsilon_6(n)$	0	1	0	0	0	-1	0	1	0	0	0	-1	0	1	$\cdots$

$N=5$ に対しては χ_0 のほかに 3 つの指標が存在する．

$n\,(\bmod 5)$	0	1	2	3	4
	0	1	i	$-i$	-1
$\chi(n)$	0	1	-1	-1	1
	0	1	$-i$	i	-1

c)　各素数 p に対して，**ルジャンドル記号**

38　第Ⅰ部　ディリクレ級数

$$
(2) \qquad \left(\frac{n}{p}\right) = \begin{cases} 0 & p \mid n \text{ のとき,} \\ 1 & p \nmid n, \text{ かつ, ある } x \in \mathbf{Z} \text{ に対して} \\ & n \equiv x^2 \pmod{p} \text{ のとき,} \\ -1 & \text{そうでないとき} \end{cases}
$$

は 1 つのディリクレ指標 $(\mathrm{mod}\, p)$ である.

　簡単な, しかし有用な 2 つの定理 (指標の直交性) を与える.

定理 2　χ を $\mathrm{mod}\, N$ のディリクレ指標とする. そのとき

$$
(3) \qquad \sum_{n(\mathrm{mod}\, N)} \chi(n) = \begin{cases} \varphi(N) & \chi = \chi_0 \text{ のとき,} \\ 0 & \chi \neq \chi_0 \text{ のとき.} \end{cases}
$$

(ここで $\displaystyle\sum_{n(\mathrm{mod}\, N)}$ は $\mathbf{Z}/N\mathbf{Z}$ の任意の 1 つの代表系についての和, たとえば $\displaystyle\sum_{n=1}^{N}$ を示す.)

　系　χ_1, χ_2 を 2 つのディリクレ指標 $(\mathrm{mod}\, N)$ とする. そのとき

$$
(4) \qquad \frac{1}{\varphi(N)} \sum_{n(\mathrm{mod}\, N)} \chi_1(n)\,\bar{\chi}_2(n) = \begin{cases} 1 & \chi_1 = \chi_2 \text{ のとき,} \\ 0 & \chi_1 \neq \chi_2 \text{ のとき.} \end{cases}
$$

　証明　$\chi = \chi_0$ に対して (3) は自明である. $\chi \neq \chi_0$ とし, $m \in \mathbf{Z}$ を $(m, N) = 1$ かつ $\chi(m) \neq 1$ であるようにえらぶ. そのとき

$$
(1 - \chi(m)) \sum_{n(\mathrm{mod}\, N)} \chi(n) = \sum_{n(\mathrm{mod}\, N)} [\chi(n) - \chi(mn)]
$$
$$
= \sum_{n(\mathrm{mod}\, N)} \chi(n) - \sum_{n(\mathrm{mod}\, N)} \chi(n) = 0
$$

(n とともに mn もまた $\mathbf{Z}(\mathrm{mod}\, N)$ の代表系を動くから) であり, $\chi(m) \neq 1$ により

$$
\sum_{n(\mathrm{mod}\, N)} \chi(n) = 0
$$

である. 系は χ として $\chi_1 \bar{\chi}_2$ をとれば直ちに導かれる.

　定理 3　$n \in \mathbf{Z}$ とする. そのとき

$$
(5) \qquad \sum_{\chi} \chi(n) = \begin{cases} \varphi(N) & n \equiv 1 \pmod{N} \text{ のとき,} \\ 0 & n \not\equiv 1 \pmod{N} \text{ のとき} \end{cases}
$$

が成り立つ. ここで和はすべてのディリクレ指標 $(\mathrm{mod}\, N)$ にわたる.

　系　$a, b \in \mathbf{Z},\ (b, N) = 1$ とする. そのとき

$$(6) \qquad \frac{1}{\varphi(N)}\sum_{\chi}\chi(a)\,\bar{\chi}(b) = \begin{cases} 1 & a \equiv b \pmod{N}, \\ 0 & a \not\equiv b \pmod{N}. \end{cases}$$

証明 $n \equiv 1 \pmod{N}$ に対して (5) は自明である. 何故ならば指標は $\varphi(N)$ 個あり, そのすべてに対して $\chi(n)=1$ が成り立つからである. $(n, N)>1$ に対して, また (5) は成り立つ. 何故ならばすべての χ に対して $\chi(n)$ は消えるからである. $n \not\equiv 1 \pmod{N}$, $(n, N)=1$ とし, χ_1 を $\chi_1(n) \neq 1$ である mod N のディリクレ指標とする. このような指標は定理 1 により存在する. 何故ならば $\chi(n)=1$ である指標は n の属する類 $\langle n \rangle$ による商群 $(\boldsymbol{Z}/N\boldsymbol{Z})^{\times}/\langle n \rangle$ の指標であり, したがってそれらの個数は $|(\boldsymbol{Z}/N\boldsymbol{Z})^{\times}|$ より小であるからである. そのとき

$$(1-\chi_1(n))\sum_{\chi}\chi(n) = \sum_{\chi}[\chi(n)-\chi\chi_1(n)]$$
$$= \sum_{\chi}\chi(n) - \sum_{\chi}\chi(n) = 0$$

が成り立つ. 何故ならば χ とともに $\chi\chi_1$ も群 $\widehat{(\boldsymbol{Z}/N\boldsymbol{Z})}^{\times}$ を動きつくすからである. $1-\chi_1(n) \neq 0$ であるから, これより和は消えることがわかる. 定理の系は, $nb \equiv a \pmod{N}$ である n をとれば直ちに証明される. ——

N_1 を N と異なる N の約数とし, χ_1 を指標 $(\bmod\, N_1)$ とする. そのとき, 合成写像

$$(7) \qquad (\boldsymbol{Z}/N\boldsymbol{Z})^{\times} \longrightarrow (\boldsymbol{Z}/N_1\boldsymbol{Z})^{\times} \overset{\chi_1}{\longrightarrow} \boldsymbol{C}^*$$

は 1 つの mod N の指標 χ を定義する. ここではじめの矢印は mod N_1 で考えること (reduction mod N_1) を示す. このとき χ は χ_1 より**誘導される**といい, そのようにして得られる χ は**非原始的**であるという. このようにして得られない指標は**原始的** (primitive または eigentlich) であるといわれる. たとえば, 主指標 $\chi_0(\bmod\, N)$, $N>1$, は自明な指標 $(\bmod\, 1)$ より誘導されるから原始的ではない. ディリクレ指標 $\chi(\bmod\, N)$ に対して, 最小の自然数 N_1 が存在し, χ はある指標 $\chi_1(\bmod\, N_1)$ との合成写像 (7) として表される. そしてそれは, 原始的な χ_1 による χ のただ 1 つの表現 (7) を与える. この数 N_1 は χ が $(\bmod\, N_1)$ の原始指標から誘導されるという性質をもち, χ の**導手**とよばれる.

われわれは, なかんずく**実指標** ($\chi=\bar{\chi}$ である指標), すなわち $1, 0, -1$ とい

40　第 I 部　ディリクレ級数

う値のみをとる指標，に興味がある．すべての実原始指標を与える定理を証明
しよう．

　　定義　**基本数** (Grundzahl) とは次の性質をもつ整数 D のことである:

$$D \equiv 1 \pmod 4, \quad \text{かつ } D \text{ は平方因子を含まない}$$

または

$$D \equiv 0 \pmod 4, \quad \frac{D}{4} \text{ は平方因子を含まず,}$$

$$\frac{D}{4} \equiv 2 \quad \text{または } 3 \pmod 4.$$

(基本数はまた**基本判別式**ともよばれる.) ——

　　基本数 D に対して，関数 $\chi_D : \boldsymbol{N} \to \boldsymbol{Z}$ を

$$(8\text{a}) \qquad \chi_D(p) = \left(\frac{D}{p}\right) \qquad (p \text{ は奇素数}),$$

$$(8\text{b}) \qquad \chi_D(2) = \begin{cases} 0 & D \equiv 0 \pmod 4 \text{ のとき,} \\ 1 & D \equiv 1 \pmod 8 \text{ のとき,} \\ -1 & D \equiv 5 \pmod 8 \text{ のとき,} \end{cases}$$

$$(8\text{c}) \qquad \chi_D(p_1{}^{n_1} \cdots p_k{}^{n_k}) = \chi_D(p_1)^{n_1} \cdots \chi_D(p_k)^{n_k}$$

により定義する．とくに χ_1 は自明な指標である．

　　定理 4　関数 $n \mapsto \chi_D(n)$ (D は基本数) は周期的 $(\mathrm{mod}\,|D|)$ であり，$\mathrm{mod}\,|D|$
の原始的ディリクレ指標を定義し (同様に χ_D とかく)

$$(9) \qquad \chi_D(-1) = \begin{cases} 1 & D > 0, \\ -1 & D < 0 \end{cases}$$

をみたす．逆に実原始指標はこのような指標 χ_D の 1 つとして得られる．

　　証明　$N = p_1{}^{r_1} \cdots p_k{}^{r_k}$ とする．定理 1 により，各ディリクレ指標 $\chi \,(\mathrm{mod}\,N)$
は積 $\chi_1 \cdots \chi_k$ —— χ_i は $\mathrm{mod}\,p_i{}^{r_i}$ の指標から誘導される —— に等しい:

$$(\boldsymbol{Z}/N\boldsymbol{Z})^\times \overset{\cong}{\longrightarrow} (\boldsymbol{Z}/p_1{}^{r_1}\boldsymbol{Z})^\times \times \cdots \times (\boldsymbol{Z}/p_k{}^{r_k}\boldsymbol{Z})^\times$$

$$\chi \searrow \qquad \swarrow \chi_1 \times \cdots \times \chi_k$$

$$\boldsymbol{C}^*$$

この図から，χ は χ_i のおのおのが原始的であるときかつそのときに限り原

始的であることが結論される．ゆえにこのような指標の分類に対しては素数べきの導手 $N=p^r$ に制限して考えれば十分である．

場合(i) p を奇素数とする．この場合よく知られたように $(\mathbf{Z}/p^r\mathbf{Z})^\times$ は巡回群である（問題 1 をみよ）．x を生成元とする．（x は "mod p^r の原始根" とよばれる．）χ が実指標で $\pm\chi_0$ ならばたしかに $\chi(x)=-1$ である．ゆえにたかだか 1 つのこのような指標が存在する．他方 $n\mapsto\left(\dfrac{n}{p}\right)$ は χ_0 とは異なる実指標 (mod p^r) である．この指標は導手 p をもつから，われわれは次の結果を得た：

奇素数 p に対して，ちょうど 1 つの実原始指標 (mod p) が存在し，$\chi(n)=\left(\dfrac{n}{p}\right)$ によって与えられる．mod p^r，$r>1$，の実原始指標は存在しない．

場合(ii) $p=2$．$r=1$ に対して $(\mathbf{Z}/2^r\mathbf{Z})^\times$ は自明である．ゆえに $\chi=\chi_0$ がただ 1 つの指標である．$r=2$ に対して $(\mathbf{Z}/2^r\mathbf{Z})^\times\cong\mathbf{Z}/2\mathbf{Z}$ であるから χ_0 以外の指標は ε_4 (p. 37 の例 b)) のみである．それは原始的でもある．$r=3$ に対しては $(\mathbf{Z}/2^r\mathbf{Z})^\times\cong\mathbf{Z}/2\times\mathbf{Z}/2$ であり，ちょうど 2 つの，次によって定義される実原始指標 ε_8' および ε_8'' が存在する：

n (mod 8)	0	1	2	3	4	5	6	7
$\varepsilon_8'(n)$	0	1	0	-1	0	-1	0	1
$\varepsilon_8''(n)$	0	1	0	1	0	-1	0	-1

（$\chi(3)=\alpha$，$\chi(5)=\beta$，$\chi(7)=\chi(3\times5)=\alpha\beta$，$\alpha,\beta=\pm1$，でなければならない．そして実指標には 4 つの可能性があり，そのうち 2 つは非原始指標 χ_0, ε_4 である．）$r>3$ に対して，よく知られたように mod 8 で 1 に合同な数はおのおの mod 2^r で平方数に合同である（問題 1 をみよ）．ゆえに実指標 χ に対して

$$n\equiv1\ (\mathrm{mod}\ 8)\Longrightarrow n\equiv x^2\ (\mathrm{mod}\ 2^r)$$
$$\Longrightarrow\chi(n)=\chi(x^2)=\chi(x)^2=(\pm1)^2=1$$

が成り立つ．そして χ は原始的ではあり得ない．これは次のことを示している：

mod 4 に関してちょうど 1 つの実原始指標 ε_4 が存在する．また mod 8 でちょうど 2 つの実原始指標 ε_8', ε_8'', が存在する；$r\neq2,\ \neq3$ に対しては

42　第 I 部　ディリクレ級数

　　実原始指標 (mod 2^r) は存在しない.

　これですべての実原始指標を見出した. それは異なる奇素数に対するルジャンドル記号 $\left(\dfrac{n}{p}\right)$ の積および, これらと $\varepsilon_4, \varepsilon_8'$ あるいは ε_8'' との積である. とくに実原始指標が存在するような N は, 平方因子を含まない奇数の, 1 倍, 4 倍または 8 倍である. われわれは平方剰余の相互法則, いわゆる第一, 第二補充法則を応用して, 次の等式を導くことができる:

$$p \neq 2, \ p:\text{素数}, \ p' = (-1)^{\frac{p-1}{2}} p \text{ に対して} \left(\frac{n}{p}\right) = \chi_{p'}(n),$$

$$\varepsilon_4(n) = \left(\frac{-4}{n}\right) = \chi_{-4}(n),$$

$$\varepsilon_8'(n) = \left(\frac{8}{n}\right) = \chi_8(n),$$

$$\varepsilon_8''(n) = \left(\frac{-8}{n}\right) = \chi_{-8}(n).$$

さらに, 2 つの互いに素な基本数 D_1 と D_2 の積はふたたび基本数であり

(10) $$\chi_{D_1 D_2} = \chi_{D_1} \chi_{D_2} \qquad ((D_1, D_2) = 1)$$

が成り立つ. よって次のことが証明された.

　　D を集合

(11) $$-4, \ +8, \ -8, \ p \quad (p \equiv 1 \ (\mathrm{mod}\ 4):\text{素数}),$$
$$-p \quad (p \equiv 3 \ (\mathrm{mod}\ 4):\text{素数})$$

からの互いに素な数の積とするとき, 実原始指標はちょうど χ_D の形で与えられる. ((11) の数のおのおのを**素判別式**という.)

　しかし容易に示されるように, 各基本数 D もこのような積である. 何故ならば D は, 平方因子をもたず, かつ $m \equiv 1 \ (\mathrm{mod}\ 4)$ である m, したがって $m = \prod_{p \mid m} p'$ により, $m, -4m, 8m, -8m$ の形でかかれるからである. これで定理の主張が, (9) をのぞいてすべて証明された. また公式 (9) は, (10) により素判別式 p に対してのみ証明すればよい. そしてそれは第一補充法則を用いて容易に証明される.

$$\chi_{-4}(-1) = \varepsilon_4(-1) = -1 = \mathrm{sign}(-4),$$
$$\chi_8(-1) = \varepsilon_8'(-1) = 1 = \mathrm{sign}(8),$$

$$\chi_{-8}(-1) = \varepsilon_8''(-1) = -1 = \mathrm{sign}(-8),$$

$$\chi_{p'}(-1) = \left(\frac{-1}{p}\right) = \left\{\begin{array}{ll} 1, & p\equiv 1 \ (\mathrm{mod}\ 4) \\ -1, & p\equiv 3 \ (\mathrm{mod}\ 4) \end{array}\right\} = \mathrm{sign}(p').$$

問 題

1. この節で用いられた次の事実を証明せよ.

a) $(\boldsymbol{Z}/p^r\boldsymbol{Z})^\times$ は巡回群である.$(p>2,\ $素数 $r\geqq 1)$,

b) $n\equiv 1\ (\mathrm{mod}\ 8) \Longrightarrow n\equiv x^2\ (\mathrm{mod}\ 2^r)$ $(r\geqq 3)$.

それには $\mathrm{mod}\ p^r$ に対して解を与える元から $(\mathrm{mod}\ p^{r+1})$ に対する解を得るために,$\mathrm{mod}\ p^{r+1}$ ($p=2$ に対しては 2^{r-1}) で見直し,r についての数学的帰納法で証明せよ.($r=1$ の場合,a) は,有限体の乗法群についての良く知られた定理の特別な場合である.)

2. 問題 1 を援用して,次の同型を証明せよ.

$$(\boldsymbol{Z}/p^r\boldsymbol{Z})^\times \cong \boldsymbol{Z}/p^{r-1}(p-1)\boldsymbol{Z} \qquad (p:\text{奇数}),$$

$$(\boldsymbol{Z}/2^r\boldsymbol{Z})^\times \cong \boldsymbol{Z}/2\times\boldsymbol{Z}/2^{r-2}\boldsymbol{Z} \qquad (r\geqq 2).$$

また,これを用いて**すべての**原始的ディリクレ指標を定めよ.それは $\mathrm{mod}\ N$ でいくつ存在するか.

3. ディリクレ指標 $\chi\,(\mathrm{mod}\ N)$ に対して,定義する法 (すなわち数 N),周期 (すべての n に対して $\chi(n+r)=\chi(n)$ であるような最小数 r) および導手は異なり得ることを例を挙げて示せ.これらの 3 つの数の間にはどのような関係があるか.

■

§6 L 級 数

χ をディリクレ指標 $(\mathrm{mod}\ N)$ とする.χ に対応する**ディリクレの L 級数**とは,級数

(1)
$$L(s, \chi) = \sum_{n=1}^{\infty} \frac{\chi(n)}{n^s}$$

44 第 I 部 ディリクレ級数

のことである．$|\chi(n)|\leqq 1$ であるからこの級数は $\sigma>1$ に対して絶対収束する．χ の乗法性により，§2 に従い，それはオイラー積表示

$$L(s,\chi) = \prod_p \left(1+\frac{\chi(p)}{p^s}+\frac{\chi(p^2)}{p^{2s}}+\cdots\right)$$

をもつ．強い意味での乗法性 $\chi(p^r)=\chi(p)^r$ により，さらに

$$(2) \qquad L(s,\chi) = \prod_p \frac{1}{1-\dfrac{\chi(p)}{p^s}} \qquad (\sigma>1)$$

が成り立つ．主指標 χ_0 に対しては (2) により

$$L(s,\chi_0) = \prod_p (1-\chi_0(p)\,p^{-s})^{-1}$$

$$= \prod_{p\nmid N} (1-p^{-s})^{-1}$$

$$= \prod_{p\mid N} (1-p^{-s})\cdot\prod{}^{*}(1-p^{-s})^{-1} \qquad (\prod{}^{*}:素数\ p)$$

$$(3) \qquad\qquad = \prod_{p\mid N} (1-p^{-s})\cdot\zeta(s);$$

ゆえにこの場合 L 級数は簡単な因数をのぞいてリーマンのゼータ関数と一致する．とくにそれは全複素平面に有理型に接続され，ただ 1 つの特異点として $s=1$ において留数 $\prod_{p\mid N}(1-p^{-1})=\dfrac{\varphi(N)}{N}$ の 1 位の極をもつ．

$\chi\neq\chi_0$ に対して，$x\to\infty$ のとき，§5, 定理 2 より

$$\left|\sum_{n=1}^{x}\chi(n)\right| = \left|\sum_{n=1}^{N[x/N]}\chi(n)+\sum{}^{*}\chi(n)\right| \qquad \left(\sum{}^{*}:n=N\left[\frac{x}{N}\right]+1\sim x\right)$$

$$= \left|\left[\frac{x}{N}\right]\sum_{n(\mathrm{mod}\,N)}\chi(n)+\sum{}^{*}\chi(n)\right|$$

$$= \left|\sum{}^{*}\chi(n)\right| \leqq \left|x-N\left[\frac{x}{N}\right]\right|$$

$$\leqq N = O(1)$$

が得られる．よって §1 の定理 2 により $L(s,\chi)$ の収束軸は 0 より小か等しいかである（実は，明らかに 0 である）．とくに (1) は $\sigma>0$ において正則な関数を定義する．実際，この関数は $\boldsymbol{C}$ 全体に正則に接続され，$\zeta(s)$ のそれに似た関数等式をみたす（§7 をみよ）．

L 級数についての重要な定理は $L(1,\chi)$ の値（上に述べたことにより定義さ

れる) が常に 0 と異なるという事実である. これから容易に, 等差数列中に素数が無限個存在することが結論される. ではこの 2 つの結果を証明しよう.

定理 χ を χ_0 と異なるディリクレ指標とする. そのとき

(4) $$L(1, \chi) \neq 0.$$

証明

(5) $$F(s) = \prod_\chi L(s, \chi)$$

とおく. ここで χ はすべてのディリクレ指標 $(\mathrm{mod}\, N)$ を動く. そのとき $\sigma > 1$ に対して (2) により

(6)
$$\begin{aligned}
\log F(s) &= \sum_\chi \sum_p \log(1 - \chi(p)\, p^{-s})^{-1} \\
&= \sum_\chi \sum_p \sum_{r=1}^\infty \frac{1}{r} \frac{\chi(p)^r}{p^{rs}} \\
&= \varphi(N) \sum_{\substack{p \quad r \geqq 1 \\ p^r \equiv 1 (\mathrm{mod}\, N)}} \frac{1}{rp^{rs}}
\end{aligned}$$

である. (最後の等式は§5, 定理 3 から導かれる.) とくに s:実数, >1 に対し $\log F(s) \geqq 0$. ゆえに

(7) $$\lim_{s \to 1} F(s) \geqq 1 \qquad (s : \text{実数})$$

である. 積 (5) は, $s=1$ で極をもつただ 1 つの因子, すなわち $L(s, \chi_0)$ を含む. そしてこの極は (3) より 1 位である. **2 つ以上の指標** $\chi \neq \chi_0$ に対して $L(1, \chi) = 0$ であるならば, $F(s)$ は $s=1$ で正則であり, 値は 0 でなければならないがそれは明らかに (7) に矛盾する. ゆえに, **たかだか 1 つの指標** $\chi \neq \chi_0$ があって $L(1, \chi) = 0$ となり得る. $L(1, \chi) = 0$ とともに $L(1, \bar\chi) = \overline{L(1, \chi)} = 0$ であるから, このような χ は (それが存在するならば) $\bar\chi$ に等しい, すなわち χ は**実指標**でなければならない. ゆえに, 定理の証明を, 実指標に制限することができる.

さて χ を実指標とし, $L(1, \chi) = 0$ とする.

(8) $$\varPhi(s) = \frac{L(s, \chi) L(s, \chi_0)}{L(2s, \chi_0)}$$

とする. $s=1$ における $L(s, \chi_0)$ の極は, そこにおける $L(s, \chi)$ の零点により消

46 第Ⅰ部 ディリクレ級数

されるから，$\Phi(s)$ は $\sigma>\dfrac{1}{2}$ に対して正則である．一方，分母 $L(2s,\chi_0)$ は (3) により $\sigma>\dfrac{1}{2}$ で 0 とことなる．$\sigma>1$ に対して

$$
\begin{aligned}
\Phi(s) &= \prod_p \frac{1-\chi_0(p)\,p^{-2s}}{(1-\chi(p)\,p^{-s})(1-\chi_0(p)\,p^{-s})} \\
&= \prod{}^{*} \frac{1-p^{-2s}}{(1-\chi(p)\,p^{-s})(1-p^{-s})} \qquad (\prod{}^{*}: p\nmid N) \\
&= \prod{}^{*} \frac{1+p^{-s}}{1-\chi(p)\,p^{-s}} \\
&= \prod_{\chi(p)=1} \frac{1+p^{-s}}{1-p^{-s}}
\end{aligned}
$$

($p\nmid N$ に対して $\chi(p)=\pm 1$ であるから)，ゆえに

$$
\Phi(s) = \sum_{n=1}^{\infty} \frac{a_n}{n^s} \qquad (\sigma>1), \qquad a_n \geqq 0
$$

である．(ここで，Φ のオイラー積において因子 $1+p^{-s}=\dfrac{1-p^{-2s}}{1-p^{-s}}$ を用いた；それが関数 (8) を考えた理由である．) $\Phi(s)$ は $\sigma>\dfrac{1}{2}$ で正則であるから，$|s-2|<\dfrac{3}{2}$ に対して

$$
\begin{aligned}
\Phi(s) &= \sum_{k=0}^{\infty} \frac{(s-2)^k}{k!} \Phi^{(k)}(2) \\
&= \sum_{k=0}^{\infty} \frac{(2-s)^k}{k!} \sum_{n=1}^{\infty} \frac{a_n(\log n)^k}{n^s}
\end{aligned}
$$

である．$a_n\geqq 0$ により右辺に生じた二重和は，実数 s，$\dfrac{1}{2}<s<2$，に対して単調減少関数を表す．ゆえに

$$
\Phi(s) \geqq \Phi(2) \geqq 1 \qquad (s:実数,\ \tfrac{1}{2}<s<2)
$$

が成り立つ．しかし一方 (8) により

$$
\lim_{s\to 1/2} \Phi(s) = \frac{L\!\left(\dfrac{1}{2},\chi\right) L\!\left(\dfrac{1}{2},\chi_0\right)}{\displaystyle\lim_{s\to 1/2} L(2s,\chi_0)} = 0
$$

である．何故ならば $L(2s,\chi_0)$ は (3) により点 $s=\dfrac{1}{2}$ で極をもつからである．

§6 L級数　47

これは矛盾であり，定理は証明された．——

読者はおそらくこの証明がランダウの定理（§1，定理4）の証明と全く似ていると思うにちがいない．実際，(4)を，この定理の直接の応用として証明することができる．すなわち χ を実指標とする．

$$(9) \qquad \psi(s) = L(s, \chi)\,\zeta(s) = \sum_{n=1}^{\infty} \frac{\rho(n)}{n^s},$$

$$(10) \qquad \rho(n) = \sum_{d \mid n} \chi(d)$$

である．そのとき

$$
\begin{aligned}
\psi(s) &= \prod_p \frac{1}{(1-\chi(p)\,p^{-s})\,(1-p^{-s})} \\
(11)\qquad &= \prod_{\chi(p)=1} \frac{1}{(1-p^{-s})^2} \cdot \prod_{\chi(p)=0} \frac{1}{1-p^{-s}} \cdot \prod_{\chi(p)=-1} \frac{1}{1-p^{-2s}} \\
&= \prod_{\chi(p)=1} \left(1+\frac{2}{p^s}+\frac{3}{p^{2s}}+\cdots\right) \cdot \prod_{\chi(p)=0} \left(1+\frac{1}{p^s}+\frac{1}{p^{2s}}+\cdots\right) \\
&\qquad \cdot \prod_{\chi(p)=-1} \left(1+\frac{1}{p^{2s}}+\frac{1}{p^{4s}}+\cdots\right)
\end{aligned}
$$

である．それゆえすべての n に対して

$$(12) \qquad \rho(n) \geqq 0, \qquad \rho(n^2) \geqq 1.$$

（関係 (11), (12) はのちに，$\psi(s)$ を2次体のゼータ関数，$\rho(n)$ をノルム n のイデアルの個数として考えるときに意味をもつであろう．）$L(1, \chi)=0$ ならば $\psi(s)$ は (9) によって $\sigma>0$ において特異点をもたない．(12) およびランダウの定理により，級数 $\sum \rho(n)\,n^{-s}$ は $\sigma>0$ に対して収束しなければならないが，それは (12) から生ずる関係

$$\sum_{n=1}^{\infty} \frac{\rho(n)}{n^{1/2}} \geqq \sum_{n=1}^{\infty} \frac{\rho(n^2)}{n} \geqq \sum_{n=1}^{\infty} \frac{1}{n} = \infty$$

に矛盾する．これでわれわれの定理はふたたび証明された．

ランダウの定理を用いさらに短い証明を与えることができる．実際，実指標 χ の場合に問題を帰着させることは必要でなく，(4) をすべての $\chi\,(\mathrm{mod}\,N)$ に対して一挙に証明する方法がある．（定理の重要性により，あえて3つの異なる証明を与えることにする．）すなわち，(6) より $\sigma>1$ に対して，(5) によって定義された関数 $F(s)$ は，正の係数をもつディリクレ級数により与えられる．

48　第 I 部　ディリクレ級数

$L(1, \chi)=0$ であるただ 1 つの指標 $\chi \neq \chi_0$ が存在するとすれば (5) により関数 $F(s)$ は点 $s=1$ で，それゆえ半平面 $\sigma>0$ 全体で，正則である．ゆえにランダウの定理によって対応するディリクレ級数は $\sigma>0$ に対して収束し，したがってまた級数 (6) はこの領域で収束する．しかしフェルマの小定理のオイラーによる一般化により（実数 s に対して）

$$\sum_{\substack{p \\ p^r \equiv 1 (\mathrm{mod}\, N)}} \sum_{r \geq 1} \frac{1}{r p^{rs}} \geq \varphi(N) \sum{}^* \sum_{\substack{r=1 \\ \varphi(N)|r}}^{\infty} \frac{1}{r p^{rs}} \qquad (\sum{}^* : p \nmid N)$$

$$= \sum{}^* \sum_{k=1}^{\infty} \frac{1}{k p^{ks\varphi(N)}}$$

$$= \sum{}^* \log \frac{1}{1-p^{-s\varphi(N)}}$$

$$= \log L(s\varphi(N), \chi_0)$$

が得られる．ゆえに (6) は $s=\dfrac{1}{\varphi(N)}$ に対してたしかに収束しない．

なお (4) が実指標に対して成り立つことの第四証明が §8 の結果から得られる．それは，このような χ に対して $L(1, \chi)$ の値が類数（0 と異なる）に比例することを述べている．ディリクレはもともとこの方法で定理を証明した．

系　N を自然数とし，a を N と互いに素な数とする．そのとき，等差数列 $\{Nk+a\}_{k=1,2,3,\cdots}$ は無限個の素数を含む．さらに

$$(13) \qquad \sum_{\substack{p \\ p \equiv a (\mathrm{mod}\, N)}} \frac{1}{p} = \infty \qquad (p : 素数)$$

である．

証明　§5，定理 3 の系により，$\sigma>1$ に対して

$$\sum_{\substack{p \\ p^r \equiv a (\mathrm{mod}\, N)}} \sum_{r \geq 1} \frac{1}{r p^{rs}} = \sum_{p} \sum_{r \geq 1} \frac{1}{\varphi(N)} \sum_{\chi} \bar{\chi}(a) \chi(p^r) \frac{1}{r p^{rs}}$$

$$(14) \qquad = \frac{1}{\varphi(N)} \sum_{\chi} \bar{\chi}(a) \sum_{p} \sum_{r=1}^{\infty} \frac{\chi(p)^r}{r p^{rs}}$$

$$= \frac{1}{\varphi(N)} \sum_{\chi} \bar{\chi}(a) \log L(s, \chi)$$

$$= \frac{1}{\varphi(N)} \left[\log L(s, \chi_0) + \sum_{\chi \neq \chi_0} \bar{\chi}(a) \log L(s, \chi) \right]$$

である．ここで絶対収束性により和の順序交換は許される．（$\sum\limits_{p}$ および $\sum\limits_{\chi}$ は

§7 負の整数点におけるディリクレ級数の，とくに L 級数の値　　**49**

いままでのようにすべての素数，すべてのディリクレ指標 $(\bmod N)$ にわたる和を示す）．$\log L(s, \chi_0)$ は $s \to 1$ のとき ∞ に発散するが，$\log L(s, \chi)$ は $\chi \neq \chi_0$ に対し，(4) により有界であるから，(14) の左辺の和は $s=1$ に対して発散しなければならない．しかし

$$\sum_{\substack{p \\ p^r \equiv a (\bmod N)}} \sum_{r>1} \frac{1}{rp^r} \leqq \sum_p \sum_{r=2}^{\infty} \frac{1}{rp^r}$$

$$\leqq \sum_p \sum_{r=2}^{\infty} \frac{1}{2p^r} = \sum_p \frac{1}{2p(p-1)} \leqq \sum_{n=2}^{\infty} \frac{1}{2n(n-1)} = \frac{1}{2}$$

であるから，$r=1$ に対する項の和が発散しなければならない．

問　題

1. $4n-1$ または $4n+1$ の形の素数は無限個存在することを，そのような素数は有限個しか存在しないと仮定し，

$$4\left(\prod_{p \equiv 3 (\bmod 4)} p\right) - 1, \qquad 4\left(\prod_{p \equiv 1 (\bmod 4)} p^2\right) + 1$$

をそれぞれ考え，矛盾を導くことによって証明せよ．他のどのような等差数列に対して，類似の証明が可能であるか．

2. 各ディリクレ指標 χ に対して

$$\frac{1}{L(s, \chi)} = \sum_{n=1}^{\infty} \frac{\mu(n) \chi(n)}{n^s} \qquad (\sigma > 1)$$

であることを示せ．ここで $\mu(n)$ は §2 において導入されたメービウスの関数を示す．この節の定理から，この級数が $s=1$ で収束することを証明することができるか．

■

§7　負の整数点におけるディリクレ級数の，とくに L 級数の値

§4 においてわれわれは，リーマンのゼータ関数 $\zeta(s)$ が，すべての偶数 $s > 1$ に対し，またすべての整数 $s < 1$ に対して，閉じた形で表される値になるこ

50   第Ⅰ部　ディリクレ級数

とを見た. $s<1$ に対してこの値は有理数であり, その半分は 0 に等しい. 似たような性質は, すべての L 級数に対しても成り立つ. これらの級数は関数等式をみたすから, われわれは $s \geqq 1$ または $s \leqq 0$ に対する値のみを計算すればよい. 級数の非収束領域に属する負の整数点に対する値が, 正の整数点に対するそれよりも本質的に簡単に計算されるということは, 驚嘆に値する. このことは全く一般的な仮定の下で負の整数点に対するディリクレ級数の値を決定することを可能ならしめる次の定理に含まれている.

定理 1　$\varphi(s) = \sum_{n=1}^{\infty} \dfrac{a_n}{n^s}$ を少なくとも 1 つの s の (複素数) 値に対して収束するディリクレ級数とし, $f(t) = \sum_{n=1}^{\infty} a_n e^{-nt}$ を対応する指数項級数 (すべての $t>0$ に対して収束する) とする. $f(t)$ が $t \to 0$ に対して漸近展開

$$(1) \qquad f(t) \sim b_0 + b_1 t + b_2 t^2 + \cdots \qquad (t \to 0)$$

をもつならば $\varphi(s)$ は全複素平面に正則に接続され

$$(2) \qquad \varphi(-n) = (-1)^n n! \, b_n \qquad (n = 0, 1, 2, \cdots)$$

が成り立つ. さらに一般に, $f(t)$ が $t \to 0$ に対して漸近展開

$$(3) \qquad f(t) \sim \frac{b_{-1}}{t} + b_0 + b_1 t + b_2 t^2 + \cdots$$

をもつとき, $\varphi(s)$ は有理型に接続され, 関数 $\varphi(s) - \dfrac{b_{-1}}{s-1}$ は整関数であり, 値 $\varphi(0), \varphi(-1), \cdots$ は, 上のように公式 (2) により与えられる. ——

注意　1. "漸近展開" とは, 各自然数 N に対して評価

$$(4) \qquad \left| f(t) - \sum_{n<N} b_n t^n \right| \leqq C t^N \qquad (0 < t < t_0)$$

が成り立つことをいう. (簡略に $f(t) = \sum_{n<N} b_n t^n + O(t^N)$ と書く.) とくに, $f(t)$ が点 $t=0$ において解析的であり, テイラー展開 $\sum_{n=0}^{\infty} b_n t^n$ をもつ場合には (1) はみたされる. しかし級数 $\sum_{n=0}^{\infty} b_n t^n$ が収束することは要求されていない. なおその場合でも, その値が $f(t)$ に等しいことは要求されていない.

2. 証明によって明らかとなるが, 定理はまた, $f(t) = \sum_{n=0}^{\infty} a_n e^{-\lambda nt}$ とおくと

§7 負の整数点におけるディリクレ級数の，とくに L 級数の値 **51**

き，一般ディリクレ級数 $\varphi(s) = \sum_{n=0}^{\infty} \dfrac{a_n}{\lambda_n^s}$ (少なくとも 1 つの s に対して収束する場合) に対しても成り立つ．

定理の証明 $f(t)$ に対する級数が t のすべての正の値に対して絶対収束することは明らかである．何故ならば a_n はたかだか多項式的に増大し，一方 e^{-nt} は指数関数的に減少するからである．§3 の等式 (16) (あるいは，一般ディリクレ級数の場合には §3 の等式 (18)) により絶対収束領域において公式

$$\Gamma(s)\,\varphi(s) = \int_0^\infty f(t)\,t^{s-1}dt$$

が成り立つ．われわれは

$$I_1(s) = \int_0^1 f(t)\,t^{s-1}dt, \qquad I_2(s) = \int_1^\infty f(t)\,t^{s-1}dt$$

とおいて，積分を $I_1(s) + I_2(s)$ と分解する．$f(t)$ は $t \to \infty$ に対して指数関数的に減少する (すなわち $f(t) = O(e^{-t})$ または $f(t) = O(e^{-\lambda_0 t})$) から 2 つの積分はすべての s に対して収束し，実際，コンパクト集合の上で絶対かつ一様に収束する．ゆえにそれらは s の整関数を表す．さらに

$$\int_0^1 \Big(\sum_{n<N} b_n t^n\Big) t^{s-1}dt = \sum_{n<N} b_n \frac{t^{n+s}}{n+s}\Big|_0^1$$
$$= \sum_{n<N} \frac{b_n}{n+s} \qquad (\sigma > 1)$$

が成り立つ．ゆえに

$$I_1(s) = \sum_{n<N} \frac{b_n}{n+s} + \int_0^1 \Big(f(t) - \sum_{n<N} b_n t^n\Big) t^{s-1}dt \qquad (\sigma > 1)$$

である．ここで積分は (4) により，$\mathrm{Re}\,(s) > -N$ を満すすべての s に対して絶対収束し，コンパクト集合の上で一様収束する．ゆえにこの領域において正則関数を表す．関数 $\Gamma(s)\,\varphi(s) - \sum_{n<N} \dfrac{b_n}{n+s}$ はそれゆえ半平面 $\mathrm{Re}\,(s) > -N$ に正則に接続される．N は任意に大きくてよいから，$\Gamma(s)\,\varphi(s)$ は $\boldsymbol{C}$ 全体に有理型に接続され，$s = -n$ $(n = -1, 0, 1, 2, \cdots)$ における 1 位の極 (存在するとして)——留数は b_n に等しい——をのぞいて正則である．関数 $1/\Gamma(s)$ は整関数であり，$s = 0, -1, -2, \cdots$ で消えるから $\varphi(s)$ は $s = 1$ における 1 位の極——留

52   第I部　ディリクレ級数

数は b_{-1}——をのぞいて正則である．$\Gamma(s)\varphi(s)$ と $\Gamma(s)$ の留数を比較すること
によって（§3, 問題3をみよ）値 (2) が得られる．

第一の例として $\varphi(s)=\zeta(s)$, リーマンのゼータ関数, をとる．ここでは
$a_n=1$ である．ゆえに

$$f(t) = \sum_{n=1}^{\infty} e^{-nt} = \frac{1}{e^t-1}$$

であり，漸近展開（さらに $t<2\pi$ に対して収束する）

$$f(t) \sim \frac{1}{t} + \sum_{n=0}^{\infty} \frac{B_{n+1}}{(n+1)!} t^n$$

をもつ．定理はさらに $\zeta(s)-\dfrac{1}{s-1}$ の全平面への正則な接続を与え，また §4
で得た値

$$\zeta(-n) = (-1)^n \frac{B_{n+1}}{n+1} = \begin{cases} -\dfrac{1}{2} & (n=0), \\[2mm] -\dfrac{B_{n+1}}{n+1} & (n\geq 1,\ n\ \text{奇数}), \\[2mm] 0 & (n\geq 2,\ n\ \text{偶数}) \end{cases}$$

を与える．

さて，ディリクレ指標 $\chi(\mathrm{mod}\,N)$ を考え，定理 1 において $a_n=\chi(n)$,
$\varphi(s)=L(s,\chi)$ とおく．係数の周期性によりそのとき

$$\begin{aligned} f(t) &= \sum_{n=1}^{\infty} \chi(n)\, e^{-nt} \\ &= \sum_{m=1}^{N} \chi(m)\,(e^{-mt}+e^{-(m+N)t}+e^{-(m+2N)t}+\cdots) \\ &= \sum_{m=1}^{N} \chi(m) \frac{e^{-mt}}{1-e^{-Nt}} \end{aligned}$$

が成り立つ．関数 e^{-mt} は $t\to 0$ に対して漸近展開 $\sum_{k=0}^{\infty}\dfrac{(-m)^k}{k!}t^k$ をもち，関数
$\dfrac{1}{1-e^{-Nt}}$ は展開 $\sum_{r=0}^{\infty}\dfrac{(-1)^r B_r}{r!}(Nt)^{r-1}$ をもつ．ここで B_r はベルヌーイ数であ
る．((4.7) をみよ．) ゆえに

$$f(t) \sim \sum_{m=1}^{N} \chi(m) \sum_{k=0}^{\infty} \sum_{r=0}^{\infty} \frac{(-1)^{k+r} m^k N^{r-1} B_r}{r!k!} t^{r+k-1},$$

すなわち

§7 負の整数点におけるディリクレ級数の，とくに L 級数の値　53

(5)
$$b_n = \sum_{m=1}^{N} \chi(m) \sum_{\substack{k,r \geq 0 \\ k+r=n+1}} \frac{(-1)^{k+r} B_r m^k N^{r-1}}{k! \, r!} \qquad (n \geq -1)$$

により (3) の形の漸近展開が成り立つ．$n=-1$ に対してはこの和は簡単に

$$b_{-1} = \frac{1}{N} \sum_{m=1}^{N} \chi(m)$$

と書かれる．そしてそれは $\chi \neq \chi_0$ に対して消えてしまう（§5, 定理2）．定理1によりこの場合 $L(s, \chi)$ は，すべての s に対して正則な関数に接続される．$\chi = \chi_0$ に対しては

$$b_{-1} = \frac{1}{N} \sum_{\substack{m=1 \\ (m,N)=1}}^{N} 1 = \frac{\varphi(N)}{N}$$

であり，$L(s, \chi)$ は，(6.3) と一致して $s=1$ において留数 $\dfrac{\varphi(N)}{N}$ の1位の極をもつ．

われわれは

(6)
$$B_n(x) = \sum_{k=0}^{n} \binom{n}{k} B_{n-k} x^k$$

により**ベルヌーイ多項式**を導入しよう．たとえば

$$B_0(x) = 1,$$

$$B_1(x) = x - \frac{1}{2},$$

$$B_2(x) = x^2 - x + \frac{1}{6},$$

$$B_3(x) = x^3 - \frac{3}{2} x^2 + \frac{1}{2} x, \quad \cdots$$

である．そのとき (5) はいささか簡単に表されることになる．実際

$$b_n = \frac{(-1)^{n+1}}{(n+1)!} N^n \sum_{m=1}^{N} \chi(m) B_{n+1}\left(\frac{m}{N}\right)$$

であり，定理1より次の定理が導かれる．

定理2　χ をディリクレ指標 $(\bmod N)$ とし，$L(s, \chi) = \sum_{n=1}^{\infty} \dfrac{\chi(n)}{n^s}$ $(\mathrm{Re}(s) > 1)$ を対応する L 級数とする．そのとき，$L(s, \chi)$ は全平面に有理型に接続され，

54　第Ⅰ部　ディリクレ級数

$\chi = \chi_0$ の場合に $s=1$ においてもつ留数 $\dfrac{\varphi(N)}{N}$ の 1 位の極をのぞいて正則である. そして

(7)　　　　$L(-n, \chi) = -\dfrac{N^n}{n+1} \sum_{m=1}^{N} \chi(m) B_{n+1}\left(\dfrac{m}{N}\right)$　　　$(n=0, 1, 2, \cdots)$

が成り立つ. ──

　定理の例として

(8)　　　　　　　　$L(0, \chi) = -\dfrac{1}{N} \sum_{m=1}^{N} \chi(m)\, m$　　　$(\chi \neq \chi_0)$

が得られる.

　ベルヌーイ多項式は, 数学のいろいろな分野に現れ見事な性質をもつ. (6) からさらに

(9)　　　　　　　　　　$B_n(0) = B_n,$

(10)　　　　　　　　　$\dfrac{d}{dx} B_n(x) = n B_{n-1}(x)$

(両者合わせて, ベルヌーイ多項式の第二の帰納的定義となる) が導かれ, さらに生成関数

(11)　　　　　　　　$\sum_{n=0}^{\infty} B_n(x) \dfrac{t^n}{n!} = \dfrac{t e^{xt}}{e^t - 1}$

(これも $B_n(x)$ の定義に用いられる) が得られる. 生成関数よりさらに多項式 $B_n(x)$ の 2 つの性質, すなわち対称性

(12)　　　　　　　　$B_n(1-x) = (-1)^n B_n(x)$

および, 漸化性

(13)　　　　　　　　$B_n(x+1) = B_n(x) + n x^{n-1}$

が導かれる. そのほか, (13) よりべき和に対する公式

(14)　　　　　$1^n + 2^n + \cdots + N^n = \dfrac{B_{n+1}(N+1) - B_{n+1}(0)}{n+1}$

$$= \sum_{k=0}^{n} (-1)^k \binom{n}{k} B_k \dfrac{N^{n+1-k}}{n+1-k}$$

も得られる. この公式はヤコブ・ベルヌーイによるものであり, B_k は彼の名にちなんだものである.

§7 負の整数点におけるディリクレ級数の，とくに L 級数の値 **55**

$\chi(-1)^2 = \chi(1) = 1$ により，各ディリクレ指標 χ に対して $\chi(-1) = +1$ または $\chi(-1) = -1$ が成り立つ．はじめの場合，χ を**偶指標**，あとの場合**奇指標**という．自明な指標は偶指標である．(12) を用いて，容易に定理 2 に対する次の系を得る．

系 $N=1$，$n=0$ の場合を除いて，すべての χ，すべての $n \geqq 0$ に対して

$$\chi(-1) = (-1)^n \Longrightarrow L(-n, \chi) = 0.$$

すなわち，偶あるいは奇指標に対する L 級数は負の偶数あるいは負の奇数点において，それぞれ 0 となる．——

この系は，その逆（すなわち，$L(-n, \chi)$ は上述の n の値に対してのみ 0 となる）と同様，L 級数 $L(s, \chi)$ の関数等式から導かれる．解析的数論におけるその重要性に鑑み，この関数等式——本書では証明もされないし，応用もされない——をここに書きとめておこう．指標 χ_1 から誘導される指標 $\chi \pmod N$ に対して，それぞれに対応する L 級数の間に，初等的な関係

$$L(s, \chi) = \prod_{p|N}\Big(1 - \frac{\chi_1(p)}{p^s}\Big) \cdot L(s, \chi_1)$$

が成り立つから，われわれは原始指標に制限する．原始的な χ に対する関数等式は

(15)
$$\pi^{-s/2} N^{s/2} \Gamma\Big(\frac{s+\delta}{2}\Big) L(s, \chi)$$
$$= \frac{G}{i^\delta \sqrt{N}} \pi^{-(1-s)/2} N^{(1-s)/2} \Gamma\Big(\frac{1-s+\delta}{2}\Big) L(1-s, \bar{\chi})$$

である．ここで $\bar{\chi}$ は χ に共役な指標，δ は χ が偶または奇であるに従い 0 または 1 に等しく，G は**ガウスの和** $\sum_{n=1}^{N} \chi(n) e^{2\pi i n/N}$ である．(15) に現れている因子 $\dfrac{G}{i^\delta \sqrt{N}}$ は常に絶対値 1 をもつ．

関数等式および定理 2 より $n \geqq 1$，$\chi(-1) = (-1)^n$ に対する $L(n, \chi)$ の値を得る．すなわち (8) および (15) は，原始的かつ奇の χ に対して

$$L(1, \chi) = -\frac{\pi i G}{N^2} \sum_{m=1}^{N} \bar{\chi}(m) m$$

を与える．しかしわれわれは関数等式を証明しないし，またこの方法では結果

56　第 I 部　ディリクレ級数

の半分だけしか得られないから §9 において，他の方法で $L(1,\chi)$ の値を求めることにする.

さて，§5 で定められた実原始指標 χ_D に対する，負の整数点における L 級数の値の，小さな表を与えてこの節を終る.

表 1　$L(-n,\chi_D)$ の値

D	-3	-4	-7	-8	-11	-15	-19	-20	-23	-24	-31	-35
$L(0,\chi_D)$	$\frac{1}{3}$	$\frac{1}{2}$	1	1	1	2	1	2	3	2	3	2
$-\frac{1}{2}L(-2,\chi_D)$	$\frac{1}{9}$	$\frac{1}{4}$	$\frac{8}{7}$	$\frac{3}{2}$	3	8	11	15	24	23	48	54
$\frac{1}{2}L(-4,\chi_D)$	$\frac{1}{3}$	$\frac{5}{4}$	16	$\frac{57}{2}$	$\frac{1275}{11}$	496	1345	1761	3408	3985	12960	21186

D	1	5	8	12	13	17	21	24	28	29	33
$-\frac{1}{2}L(-1,\chi_D)$	$\frac{1}{24}$	$\frac{1}{5}$	$\frac{1}{2}$	1	1	2	2	3	4	3	6
$\frac{1}{2}L(-3,\chi_D)$	$\frac{1}{240}$	1	$\frac{11}{2}$	23	29	82	154	261	452	471	846
$-\frac{1}{2}L(-5,\chi_D)$	$\frac{1}{504}$	$\frac{67}{5}$	$\frac{361}{2}$	1681	$\frac{33463}{13}$	11582	35942	76083	177844	211833	445386

問　題

1. 定理 1 のはじめの部分 (すなわち，漸近展開 (1) の存在より $\varphi(s)$ の正則な接続を導くこと．同じく値 (2) を与えること) を次のようにして証明せよ:

　a)　その主張は $\varphi(s)=n^{-s}$ に対して成り立つ．よって各有限ディリクレ級数について成り立つ.

　b)　定理の φ および f に対して，$f(t)=O(t^N)$ $(t\to 0)$ ならば $\varphi(s)$ は半平面 $\mathrm{Re}(s)>-N$ に正則に接続され，$0\le n<N$ に対して $\varphi(-n)=0$ となる.

　c)　与えられた $b_0,\cdots,b_{N-1}$ に対して，付随する指数項級数が $t\to 0$ に対して $\sum_{0\le n<N} b_n t^n + O(t^N)$ であるような有限ディリクレ級数が存在する.

　2. ベルヌーイ多項式の性質 (9)-(14) を証明せよ.

§7 負の整数点におけるディリクレ級数の，とくに L 級数の値　　**57**

3. $\zeta(s, a) = \sum\limits_{n=0}^{\infty} (n+a)^{-s}$ $(\mathrm{Re}(s) > 1,\ a > 0)$ を**フルヴィッツのゼータ関数**と

いう．定理 1 を用いて $\zeta(s, a) - \dfrac{1}{s-1}$ は全平面で正則な接続をもつこと，$s =$

$0, -1, -2, \cdots$ において値

$$\zeta(-n, a) = -\frac{1}{n+1} B_{n+1}(a)$$

をとることを示せ．とくに定理 2 は，等式

$$L(s, \chi) = N^{-s} \sum_{m=1}^{N} \chi(m)\, \zeta\!\left(s, \frac{m}{N}\right)$$

より，そして (13) は等式

$$\zeta(s, a) = a^{-s} + \zeta(s, a+1)$$

より導かれる．

4.
$$B_n\!\left(\frac{1}{2}\right) = -(1 - 2^{1-n}) B_n$$

であることおよび，一般に

$$B_n(kx) = k^{n-1} \sum_{j=0}^{k-1} B_n\!\left(x + \frac{j}{k}\right) \qquad (k = 1, 2, \cdots)$$

であることを示せ．

5. オイラー・マクローランの和公式

$$\sum_{r=1}^{N} f(r) = \int_0^N f(x)\, dx + \sum_{k=0}^{K-1} \frac{(-1)^k B_{k+1}}{(k+1)!} (f^{(k)}(0) - f^{(k)}(N))$$

$$- \frac{(-1)^K}{K!} \int_0^N B_K(x - [x]) f^{(K)}(x)\, dx$$

を証明せよ．ここで $K \geqq 1$ および N は自然数であり，$f(x)$ は $[0, N]$ において
必要なだけ微分可能とする．$[x]$ は x の整数部分である．公式 (14) は，この
和公式において $f(x) = x^n$，$N > n$ の特別な場合である．

（**ヒント**　$N = 1$ の場合は，(10) より部分積分を用いて証明される．この特
別な場合を $f(x), f(x+1), \cdots, f(x+N-1)$ に応用し，和をとることにより一
般の場合が示される．）

58　第 I 部　ディリクレ級数

第 I 部への文献

ディリクレ級数の解析的あるいは形式的な性質は

G. H. Hardy, M. Riesz: The general theory of Dirichlet's series, Cambridge Tracts No. 18 Cambridge 1915

または

G. H. Hardy, E. M. Wright: An introduction to the theory of numbers, Oxford University Press, Oxford 1971, Chap. XVI, XVII

に詳しく扱われている．この第二の本はまた初等的整数論に対する入門および参考書として強く推薦される．2 つのテーマはまた

T. M. Apostol: Introduction to analytic number theory, Springer-Verlag, New-York-Heidelberg-Berlin 1976, Chap. 2, 11

にも扱われている．ガンマ関数の性質は，殆んどすべての関数論の本，および解析的数論に関する多くの本に与えられている．たとえば

L. V. Ahlfors: Complex analysis, McGraw-Hill, New York 1966, § 5. 2. 4. (笠原乾吉訳「複素解析」現代数学社 1982).

メリン変換およびその数論的応用については，たとえば

H. Rademacher: Topics in analytic number theory, Grundlehren 169, Springer-Verlag, New York-Heidelberg-Berlin 1973, Chap. 3.

リーマンのゼータ関数についてのもっともよい本は

H. Edwards: Riemann's zeta function, Academic Press, New York-London 1974

である．一方ディリクレ指標，L 級数の一般論は，上に挙げた Apostol の本 (Chap. 6, 12) および

H. Davenport: Multiplicative number theory, Markham, Chicago 1967,

C. L. Siegel: Analytische Zahlentheorie I, II, vervielfältigte Vorlesungsausarbeitung, Göttingen 1963

に扱われている．この両著とも特にすぐれている．

第 II 部

2次体とそのゼータ関数

■

§8 2元2次形式

等差数列が無限個の素数を含むという定理の証明に際してディリクレ指標および L 級数が導入された主な動機の1つに，2元2次形式の類数が計算できるかも知れないという望みがあった．この類数とは何か，またそれは L 級数とどのように関係するかをこの節で明らかにしよう．われわれは本質的にディリクレの論法に従うことにする．

まずわれわれは2次形式の理論についていささか学ばなければならない．その理論は，殆んどすべて，ガウスの Disquisitiones Arithmeticae (整数論講義) に展開された．この理論の出発点は，2次のディオファンタス方程式の**可解性**に関する問題，たとえば**ペル方程式**

(1) $$t^2 - Du^2 = 4$$

が，各非平方数 $D > 0$ に対して $u \neq 0$ である解をもつことの証明，あるいは，各素数 $p \equiv 1 \pmod 4$ は

60　第 II 部　2 次体とそのゼータ関数

(2)
$$p = x^2 + y^2$$

の形に表されるというフェルマの定理の証明，にある．そのほか，解の**個数**，たとえば (2) は x, y の順序をのぞいて一意的であるという事実，について，われわれは興味がある．一般に **2 元 2 次形式**とは

(3)
$$f(x, y) = ax^2 + bxy + cy^2$$

の形の式である．ここで a, b, c (形式の**係数**とよばれる) が与えられ，x, y は変数である．われわれは常に a, b, c は $\mathbf{Z}$ の元であるとし，また 2 元形式 (すなわち 2 変数の形式) のみを考えるから，しばしば "2 元" を省略する．そのとき，主な問題の 1 つは，与えられた 2 次形式 f および整数 n に対して，方程式 $f(x, y) = n$ $(x, y \in \mathbf{Z})$ の解を記述することである．

$\begin{pmatrix} \alpha & \beta \\ \gamma & \delta \end{pmatrix}$ を整係数，行列式 1 の 2×2 行列とする．(3) における x, y を

(4)
$$\begin{aligned} x' &= \alpha x + \beta y, \\ y' &= \gamma x + \delta y \end{aligned}$$

によっておきかえれば，(3) は形式 $a'x^2 + b'xy + c'y^2$ にうつる．ただし

(5)
$$\begin{aligned} a'x^2 &+ b'xy + c'y^2 \\ &= a(\alpha x + \beta y)^2 + b(\alpha x + \beta y)(\gamma x + \delta y) + c(\gamma x + \delta y)^2, \end{aligned}$$

すなわち

(6)
$$\begin{aligned} a' &= a\alpha^2 + b\alpha\gamma + c\gamma^2, \\ b' &= 2a\alpha\beta + b(\alpha\delta + \beta\gamma) + 2c\gamma\delta, \\ c' &= a\beta^2 + b\beta\delta + c\delta^2 \end{aligned}$$

である．整数 n に対して方程式

(7)
$$ax^2 + bxy + cy^2 = n$$

が解かれるかどうかという問題は，明らかに

(8)
$$a'x^2 + b'xy + c'y^2 = n \quad (x, y \in \mathbf{Z})$$

が解かれるかどうかという問題と同値である．何故ならば (8) の解のおのおのは (5) により (7) の解 $(\alpha x + \beta y, \gamma x + \delta y)$ を生じ，逆に (7) の解のおのおのは (4) の逆変換

$$x = \delta x' - \beta y',$$

$$y = -\gamma x' + \alpha y'$$

により (8) の解を生ずるからである. よって, 方程式 (7) と (8) の解集合の間には自然な 1 対 1 対応が存在する. われわれはこの解に興味をもつのであるから, 対応する 2 次形式を同値なものと考えるのは自然であろう. こうして次の定義に導かれる:

定義 2 つの 2 次形式 $f(x, y) = ax^2 + bxy + cy^2$ および $f'(x, y) = a'x^2 + b'xy + c'y^2$ が**同値**であるとは, それらが (5) のように変換 $\begin{pmatrix} \alpha & \beta \\ \gamma & \delta \end{pmatrix}$, $\alpha, \beta, \gamma, \delta \in \mathbf{Z}$, $\alpha\delta - \beta\gamma = 1$, の下で互いにうつり合うこと, すなわち f, f' の係数が (6) により結ばれることをいう. ——

行列 $\begin{pmatrix} \alpha & \beta \\ \gamma & \delta \end{pmatrix}$, $\alpha, \beta, \gamma, \delta \in \mathbf{Z}$, $\alpha\delta - \beta\gamma = 1$, の集合 $SL_2(\mathbf{Z})$ は群をなし, 逆元をつくることおよび積をつくることに関して閉じているから, この関係が対称的かつ推移的であること, したがって実際に同値関係であることは明らかである.

同値類はどれだけあるだろうか. それはたしかに無限個存在する. 何故ならば——容易に確認することができるように——(3) の**判別式**

$$(9) \qquad D = b^2 - 4ac$$

は, 同値類の不変量 (すなわち, それは変換 (6) の下で不変である) であり, 逆に

$$(10) \qquad D \equiv 0 \quad \text{または} \equiv 1 \quad (\bmod\ 4)$$

である各数 D に対して判別式 D をもつ少なくとも 1 つの形式, すなわち, **基本形式**

$$(11) \qquad f_1(x, y) = \begin{cases} x^2 - \dfrac{D}{4}y^2 & D \equiv 0 \quad (\bmod\ 4), \\[2mm] x^2 + xy + \dfrac{1-D}{4}y^2 & D \equiv 1 \quad (\bmod\ 4) \end{cases}$$

が存在するからである. それゆえ合理的な質問は次のようになる: 与えられた判別式をもつ形式の同値類はどれだけあるか.

最初の主結果は, それは有限個しか存在しない, というものである.

62 第 II 部　2次体とそのゼータ関数

定理1　$D \in \mathbf{Z}$ とし，D は平方数でないとする．そのとき判別式 D をもつ 2 次形式の同値類は有限個のみ存在する．――

注意　定理の主張は，平方数 $D \neq 0$ に対しても正しい．（問題1をみよ．）平方数の判別式をもつ形式は1次因子の積に分解するから，われわれは今後それを除外して考えることにする．

証明　各形式 $f = ax^2 + bxy + cy^2$ は，不等式

(12)
$$|b'| \leq |a'| \leq |c'|$$

をみたす係数をもつ形式 $a'x^2 + b'xy + c'y^2$ に同値であることを示す．そうすれば，(12) をみたし与えられた $b'^2 - 4a'c' = D$ をもつ3数の組 (a', b', c') は有限個しか存在しないから，われわれの主張は証明される．すなわち

$$|D| = |b'^2 - 4a'c'| \geq |4a'c'| - |b'|^2$$
$$\geq 4|a'|^2 - |a'|^2 = 3a'^2$$

であるから

$$|a'| \leq \sqrt{\frac{|D|}{3}}, \quad |b'| \leq |a'|, \quad c' = \frac{b'^2 - D}{4a'}$$

であり，したがって組 (a', b', c') は有限個しか存在しない．(12) を実現するために，a' を f によって表される絶対値最小の数とする．したがって

$$a' = a\alpha^2 + b\alpha\gamma + c\gamma^2$$

をみたす数 α および γ が存在する．α および γ の最大公約数 r は1でなければならない．そうでなければ a'/r^2 が f によって表されるからである．したがって $\alpha\delta - \beta\gamma = 1$ である数 β, δ をえらぶことができる．そのとき $\begin{pmatrix} \alpha & \beta \\ \gamma & \delta \end{pmatrix}$ は形式 f を，a' を第一項の係数とする形式 $a'x^2 + b''xy + c''y^2$ に変換する．((6) をみよ．) そのとき，整数 n を $b' = b'' - 2a'n$ が a' より大きくない絶対値をもつようにえらぶ．

$$a'(x-ny)^2 + b''(x-ny)y + c''y^2$$
$$= a'x^2 + (b'' - 2a'n)xy + (a'n^2 - b''n + c'')y^2$$

により $a'x^2 + b''xy + c''y^2$ は（それゆえ f もまた）$|b'| \leq |a'|$（あるいはさらに $-|a'| < |b'| \leq |a'|$）である形式 $a'x^2 + b'xy + c'y^2$ に同値である．最後に a' のとり方から自動的に $|c'| \geq |a'|$ となり，(12) はみたされる．これで定理は証明さ

れた．この証明は効果的ではない（a' をどのようにして求めるか）が，効果的なアルゴリズムにおきかえることができる．このアルゴリズムは次の流れ図により説明されるが，そのとき $|a|$ は各段階で少なくとも 1 だけ値が小さくなるから操作は有限回でおわる:

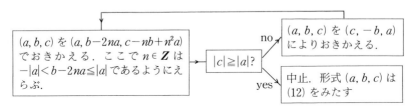

定理の主張はまた，この節で後に導入される表現数についての考察からも証明される．

次に D の類数，すなわち判別式 D をもつ 2 次形式の同値類の個数，を導入し研究しよう．判別式のほかに 2 次形式の 2 つの基本的不変量が存在する．そしてこれらを指定することにより，形式の同値類への分割を細かくしよう．不変量は

1) f の係数の最大公約数
2) $D<0$ の場合，第一係数の符号

である．実際 a, b, c が r で割り切れるならば r は (6) により a', b', c' の約数でもある．ゆえに $(a, b, c)|(a', b', c')$ で，対称性により $(a, b, c)=(a', b', c')$ である．$ax^2+bxy+cy^2$ と $a'x^2+b'xy+c'y^2$ が同値で $D<0$ ならば，(6) により

(13) $$aa' = a^2\alpha^2+ab a\gamma+ac\gamma^2$$
$$=\left(a\alpha+\frac{1}{2}b\gamma\right)^2+\frac{1}{4}|D|\gamma^2>0,$$

ゆえに a, a' は同じ符号をもつ．この符号が正ならば $f(\alpha, \gamma)$ は (13) によりすべての $(\alpha, \gamma)\neq(0,0)$ に対して正である．形式はそのとき**正定値**といわれる．$a<0$ ならば f は負の数のみを表現し，**負定値**といわれる．それゆえ，$D<0$ に対する 2 次形式の同値類は，それが正定値あるいは負定値の形式を含むかどうかに従い，2 つの型に分かれる．われわれは正定値の形式のみを考えればよ

64　第 II 部　2次体とそのゼータ関数

い，それに -1 を乗ずることにより負定値の形式が得られるからである．さらにまた係数の最大公約数が 1 に等しい形式——かかる形式は**原始的**であるといわれる——にのみ制限することができる．それは，$(a, b, c) = r$ である判別式 D の形式は，判別式 D/r^2 の原始的形式の r 倍であるからである．よって D の**類数**を

$$h(D) = \begin{cases} D>0 \text{ の場合，判別式 } D \text{ の原始的 2 次形} \\ \quad \text{式の同値類の個数,} \\ D<0 \text{ の場合，判別式 } D \text{ の正定値原始的} \\ \quad \text{2 次形式の同値類の個数} \end{cases}$$

と定義する．この個数は定理 1 により有限である．(10) がみたされない場合，そのとき (9) は解をもたないから類数は 0 であり，(10) がみたされる場合，常に少なくとも 1 つの基本形式 (11) が存在するから，類数は $\geqq 1$ である．次に類数の小さな表をつけ加える．(後にこれらの値をどのように計算するかを説明する．)

D	-24	-23	-20	-19	-16	-15	-12	-11	-8	-7	-4	-3
$h(D)$	2	3	2	1	1	2	1	1	1	1	1	1

D	1	4	5	8	9	12	13	16	17	20	21	24	25	28	29
$h(D)$	1	1	1	1	2	2	1	2	1	3	2	2	4	2	1

注意　文献中に使われている 2 つの同値性概念 (したがってまた 2 つの類数) が存在する．上に考えた $SL_2(\boldsymbol{Z})$ による同値は，**狭義の同値**といわれる．**広義の同値**は

(14)
$$f'(x, y) = \mu f(\alpha x + \beta y, \gamma x + \delta y)$$

において $\begin{pmatrix} \alpha & \beta \\ \gamma & \delta \end{pmatrix}$ は整係数，$\alpha\delta - \beta\gamma = \mu = \pm 1$，の場合であって，$f \sim f'$ と書かれる．このあとの概念は (しばしば，(14) の因子 μ をおとすという誤った定義がなされる) 多くの教科書で基礎におかれ，対応する類数 $h(D)$ は，判別式 D をもつ原始的 2 次形式 ($D<0$ の場合，必ずしも正定値とは限らない) の広義の

同値類の個数として定義される．この意味での類数——それをわれわれは $h_0(D)$ とかく——は負の D に対してはすでに定義したわれわれの類数と一致する．それは，$\mu=-1$ をもつ変換 (4) は正定値，負定値形式を交換するからである．$D>0$ に対しては $h_0(D)=h(D)$ または $h_0(D)=\dfrac{1}{2}h(D)$ が成り立つ（問題 5 をみよ）．

さて f を 2 次形式とする．f はどのような数を，そしてその数を何重に表すかを問題にする．すなわちディオファンタス方程式

(15) $$f(x, y) = n \quad (x, y \in \mathbf{Z})$$

を解くことを考えよう．この解集合において自然な同値関係が存在する．すなわち $\begin{pmatrix} \alpha & \beta \\ \gamma & \delta \end{pmatrix} \in SL_2(\mathbf{Z})$ を，(6) により定義された 2 次形式 $a'x^2 + b'xy + c'y^2$ が f と一致するような行列とすれば，変換 (4) は明らかに (15) の解を他の解にうつす．われわれはこの場合，$\begin{pmatrix} \alpha & \beta \\ \gamma & \delta \end{pmatrix}$ を f の**自己同型**とよぶ．f の自己同型が $SL_2(\mathbf{Z})$ の部分群 U_f をつくることは明らかである．(6) により

(16)
$$U_f = \left\{ \begin{pmatrix} \alpha & \beta \\ \gamma & \delta \end{pmatrix} \in SL_2(\mathbf{Z}) \mid \begin{array}{l} \text{①} \quad a\alpha^2 + b\alpha\gamma + c\gamma^2 = a, \\ \text{②} \quad 2a\alpha\beta + b\beta\gamma + ba\delta + 2c\gamma\delta = b, \\ \text{③} \quad a\beta^2 + b\beta\delta + c\delta^2 = c \end{array} \right\}$$

である．**n の形式 f による表現数** $R(n, f)$ を U_f の作用のもとで同値でない (15) の解の個数として定義する．そのとき $R(n, f)$ が有限であることが証明される．その値は明らかに f の同値類にのみ依存する．**判別式 D の形式による n の全表現数 $R(n)$** を

(17) $$R(n) = \sum_{i=1}^{h(D)} R(n, f_i)$$

により定義する．ここで $f_1, \cdots, f_{h(D)}$ は判別式 D の原始的 2 元 2 次形式の同値類の代表である（その 2 次形式は $D<0$，$n>0$ の場合は正定値，$D<0$，$n<0$ の場合は負定値とする）．

個々の表現数 $R(n, f_i)$ に対して，閉じた表現は知られていない．そして平

66 第 II 部 2次体とそのゼータ関数

均値 $\lim_{N \to \infty} \frac{1}{N}\sum_{n=1}^{N} R(n, f_i)$ のみ計算することができるのである. それに反して, 全表現数 $R(n)$ は閉じた形で与えられる. ガウスおよびディリクレによれば, 類数計算のステップは次のように進められる:

　i) 自己同型群 U_f の構造の決定,

　ii) $R(n)$ の計算 (ゆえにまたその平均値の計算),

　iii) $R(n, f_i)$, $1 \le i \le h(D)$ の平均値の計算,

　iv) ii) および iii) を等しいとおいて $h(D)$ の計算.

これら 4 段階は次の 4 つの定理において遂行される.

定理 2　$f(x, y) = ax^2 + bxy + cy^2$ を判別式 D——D は平方数ではない——の原始的 2 次形式とする. そのとき, 写像

$$(18) \qquad (t, u) \longmapsto \begin{pmatrix} \dfrac{t - bu}{2} & -cu \\ au & \dfrac{t + bu}{2} \end{pmatrix}$$

は, ペル方程式 (1) の解 (t, u) の集合と f の自己同型群の間の 1 対 1 対応を与える. この 1 対 1 対応は (1) の解に対する演算法則

$$(19) \qquad (t_1, u_1) \circ (t_2, u_2) = \left(\frac{t_1 t_2 + D u_1 u_2}{2}, \frac{t_1 u_2 + u_1 t_2}{2} \right)$$

に関して群同型写像である. 群 U_f は $D < 0$ に対して有限であり, 実際, 位数

$$(20) \qquad w = \begin{cases} 6 & D = -3 \quad \text{に対して,} \\ 4 & D = -4 \quad \text{に対して,} \\ 2 & D < -4 \quad \text{に対して} \end{cases}$$

の巡回群である. $D > 0$ に対しては

$$U_f \cong \mathbf{Z} \times \mathbf{Z}/2$$

である.

証明　(16) から $\begin{pmatrix} \alpha & \beta \\ \gamma & \delta \end{pmatrix} \in U_f$ に対して

$$a\beta = \beta(a\alpha^2 + ba\gamma + c\gamma^2) \qquad (\text{①による})$$

$$= \alpha(a\alpha\beta + b\beta\gamma) + c\beta^2$$
$$= \alpha(-c\gamma\delta) + c\beta^2$$
$$\quad (\text{②により } 2(a\alpha\beta + b\beta\gamma + c\gamma\delta)$$
$$= b(1 - \alpha\delta + \beta\gamma) = 0 \text{ であるから})$$
$$= -c\gamma \quad (\alpha\delta - \beta\gamma = 1 \text{ による})$$

であり，同様に

$$c(\alpha - \delta) = \alpha(a\beta^2 + b\beta\delta + c\delta^2) - c\delta \quad (\text{③による})$$
$$= \beta(a\alpha\beta + c\gamma\delta) + b\alpha\beta\delta \quad (\alpha\delta - \beta\gamma = 1 \text{ による})$$
$$= -\beta(b\beta\gamma) + b\alpha\beta\delta$$
$$\quad (\text{ふたたび } a\alpha\beta + b\beta\gamma + c\gamma\delta = 0 \text{ による})$$
$$= \beta b,$$

ゆえに $\dfrac{\gamma}{a} = \dfrac{\delta - \alpha}{b} = \dfrac{-\beta}{c}$ である．$(a, b, c) = 1$ であるからこの共通の値は1つ
の整数 u である．$t = \alpha + \delta$ を用いてそのとき

$$\alpha = \frac{t - bu}{2}, \quad \delta = \frac{t + bu}{2}, \quad \beta = -cu, \quad \gamma = au$$

が得られ，$\alpha\delta - \beta\gamma = 1$ より $t^2 - Du^2 = 4$ となる．逆に (18) の行列が f の自己
同型であることは，代入してみればわかる．行列の乗法が (19) に対応すると
いうことは直接計算によって確かめられる．

さて $D < 0$ とする．そうすれば $t^2 - Du^2 \geqq t^2$ かつ $t^2 - Du^2 \geqq |D|u^2$．ゆえに
(1) は $|t| \leqq 2$, $|u| \leqq 2$ に対する解のみをもつ．そして実際

$$(21) \quad \begin{cases} D = -3 & \text{に対し} \quad (t, u) = (\pm 2, 0) \quad \text{または} \quad (\pm 1, \pm 1), \\ D = -4 & \text{に対し} \quad (t, u) = (\pm 2, 0) \quad \text{または} \quad (0, \pm 1), \\ D < -4 & \text{の場合} \quad (t, u) = (\pm 2, 0) \quad \text{のみ} \end{cases}$$

である．これで (1) の解の個数が (20) で与えられた数 w に等しいことが証明
された．(1) の解 (t, u) のおのおのに対して（$\sqrt{D}$ のとり方を定めて）

$$(22) \quad \varepsilon = \frac{t + u\sqrt{D}}{2}, \quad \varepsilon' = \frac{t - u\sqrt{D}}{2} \quad (\varepsilon\varepsilon' = 1)$$

とおく．そのとき (19) はそれぞれの ε の乗法に対応している．そして

68　第 II 部　2次体とそのゼータ関数

$$(23) \qquad \begin{pmatrix} \alpha & \beta \\ \gamma & \delta \end{pmatrix} \longmapsto \varepsilon = \frac{\alpha+\delta}{2} + \frac{\gamma}{2a}\sqrt{D}$$

は U_f から $\boldsymbol{C}^*$ への単射的準同型写像である．$D<0$ に対して (21) により

$$(24) \qquad \begin{cases} D = -3 & \text{に対して} \quad \varepsilon = \pm 1 \text{ または } \dfrac{\pm 1 \pm i\sqrt{3}}{2}, \\[2mm] D = -4 & \text{に対して} \quad \varepsilon = \pm 1 \text{ または } \pm i, \\[2mm] D < -4 & \text{に対して} \quad \varepsilon = \pm 1 \end{cases}$$

を得るが，これらはちょうど 1 の w 乗根である．それは U_f が巡回的であることを示す．(群演算 (19) の下で，(21) のすべての解が $(1, 1)$ または $(0, 1)$ または $(-2, 0)$ のべきであることが自然にまた直接に確かめられる．)

　$D>0$ に対して，(23) は単射 $U_f \to \boldsymbol{R}^*$ を与える．その像は，-1 を含む $\boldsymbol{R}^*$ の部分群である．($\sqrt{D}$ を正にとって) (22) の数 ε は，$t, u>0$ に対し小さくとも $\dfrac{1+\sqrt{D}}{2}$ (>1) に等しいから，像は $\boldsymbol{R}^*$ の中で稠密ではない．ゆえに 2 つの可能性があるのみである．ペル方程式は自明な解のみをもち (すなわち $u=0$, $t=\pm 2$)，$U_f = \left\{ \pm \begin{pmatrix} 1 & 0 \\ 0 & 1 \end{pmatrix} \right\}$ であるか，または (1) の最小の解 (t_0, u_0), $t_0>0$, $u_0>0$ が存在して，(22) の ε の集合は $\varepsilon_0 = \dfrac{t_0 + u_0\sqrt{D}}{2}$ により生成される $\{ \pm \varepsilon_0{}^n \mid n \in \boldsymbol{Z} \}$ に等しく $U_f \cong \boldsymbol{Z} \times \boldsymbol{Z}/2$ であるかである．のちに，第二の場合が常に生じることを示し，それとともに定理の最後の主張を証明しよう．数 ε_0 は D にのみ依存し，形式 f の**基本単数**とよばれる．

　簡単のため，次の定理およびその系を基本判別式に対してのみ定式化しておく．一般の場合については問題 8 をみよ．

　定理 3　D を基本判別式，$n \neq 0$ を 1 つの整数とする．そのとき，判別式 D の (原始的) 形式による n の全表現数 $R(n)$ は

$$(25) \qquad R(n) = \sum_{m \mid n} \chi_D(m)$$

によって与えられる．ここに m は n のすべての正の約数を動き $\chi_D(m)$ は §5 で導入された指標である．とくに $R(n)$，したがってすべての $R(n, f)$，は有限である．──

　注意　(25) の右辺は (6.10) で導入された和 $\rho(n)$ に等しい．よって §6 にお

いて $L(1, \chi) \neq 0$ の証明に際して用いられた不等式 (6.12) は明白な意味をもつ.
それは,明らかに $R(n) \geqq 0, R(n^2) > 0$ (平方数は常に $y = 0$ である (11) による
表現をもつ) であるからである.

証明 判別式 D の非原始的形式は存在しないから,定理における条件 "原
始的" はのぞくことができる.$R^*(n)$ を判別式 D の形式による n の非同値な
原始的表現 (表現 (15) は,x と y とが互いに素であるとき原始的といわれる)
の個数とする.明らかに

(26)
$$R(n) = \sum_{\substack{g \geqq 1 \\ g^2 \mid n}} R^*\left(\frac{n}{g^2}\right)$$

である.何故ならば各表現は原始的表現の倍数であるからである.証明の主要
点は公式

(27)
$$R^*(n) = \#\{b \,(\mathrm{mod}\, 2n) \mid b^2 \equiv D \,(\mathrm{mod}\, 4n)\}$$

の証明である.

(27) の証明は次のような一般的原理に基づく.G を群とし,X, Y を 2 つの
集合,その上に G が作用しているとして $S \subseteq X \times Y$ を G の対角作用の下で
不変な部分集合とする.2 つの元 $s = (x, y)$,$s' = (x', y') \in S$ が G の下で同値
であるとき,すなわち $(x', y') = (gx, gy)$ であるときとくにそれらの第一成分
は G 同値である.ゆえに軌道集合 S/G を,まず X/G を定め,S/G のいくつ
の元が X/G の与えられた元を第一成分にもつかを考えることにより分解する
ことができる.これらの軌道に対する代表として,第一成分が X/G の与えら
れた軌道の固定された代表であるような対 (x, y) をとることができる.2 つ
のこのような対 (x, y) および (x, y') は $y' = gy$,$gx = x$,$g \in G$ であるとき,
かつそのときに限り同値である.上述の軌道はそれゆえ,G における x の固
定部分群 $G_x = \{g \in G \mid gx = x\}$ の作用の下での $Y_x = \{y \in Y \mid (x, y) \in S\}$ の軌道
と 1 対 1 対応にある.とくに軌道の個数に対して公式——両辺が有限である場
合に——

(28)
$$|S/G| = \sum_{x \in X/G} |Y_x/G_x|$$

が成り立つ.役割を交換して自然にまた

(29)
$$|S/G| = \sum_{y \in Y/G} |X_y/G_y|$$

70 第 II 部 2次体とそのゼータ関数

が成り立つ.

われわれはこの公式を

$$G = SL_2(\boldsymbol{Z}) = \left\{ \begin{pmatrix} \alpha & \beta \\ \gamma & \delta \end{pmatrix} \middle| \alpha, \beta, \gamma, \delta \in \boldsymbol{Z}, \ \alpha\delta - \beta\gamma = 1 \right\},$$

$$X = \{ 2 \text{次形式} \ f(x, y) = ax^2 + bxy + cy^2, \ b^2 - 4ac = D \},$$

$$Y = \{ \text{数の対} \ (x, y) \mid x, y \in \boldsymbol{Z} \ \text{は互いに素} \},$$

$$S = \{ (f, z) \in X \times Y \mid f(z) = n \}$$

に対して応用する. そのとき X/G の元は判別式 D の形式の同値類であり, $f \in X$ に対して Y_f/G_f は f による n の非同値な原始的表現の集合である. ゆえに (28) より

$$|S/G| = \sum_f{}^* R^*(n, f) = R^*(n) \qquad \left(\sum_f{}^* : f \text{ の同値類} \right)$$

である. 他方 $|S/G|$ を (29) によって計算することができる. Y の各元は $(1, 0)$ に同値である. 何故ならば $(x, y) \in Y$ に対して $ax + by = 1$ をみたす $a, b \in \boldsymbol{Z}$ が存在し, したがって $\begin{pmatrix} x & -b \\ y & a \end{pmatrix} \in G$, $\begin{pmatrix} x & -b \\ y & a \end{pmatrix} \begin{pmatrix} 1 \\ 0 \end{pmatrix} = \begin{pmatrix} x \\ y \end{pmatrix}$ であるからである. よって Y/G は, 代表 $z = (1, 0)$ をもつ軌道から成る. この元に対して $G_z = \left\{ \begin{pmatrix} 1 & r \\ 0 & 1 \end{pmatrix}, r \in \boldsymbol{Z} \right\}$ であり X_z は第一係数が $a = n$ である形式 $f \in X$ の集合である. ゆえに

$$X_z = \left\{ nx^2 + bxy + \frac{b^2 - D}{4n} y^2, \ b \in \boldsymbol{Z}, \ b^2 \equiv D \ (\mathrm{mod} \ 4n) \right\}$$

である. $\begin{pmatrix} 1 & r \\ 0 & 1 \end{pmatrix} \in G_z$ の作用は $b \to b + 2nr$ により与えられるから $|X_z/G_z|$ は公式 (27) の右辺に等しい. これでこの公式 (27) もまた証明された.

定理を証明するためには (27) の表現を具体的に計算し, その結果を (26) に代入しなければならない. $n = 2^{r_0} p_1^{r_1} \cdots p_s^{r_s}$ (p_i: 奇数) に対して (27) から容易に

(30) $\qquad R^*(p^r) = \#\{ b \, (\mathrm{mod} \ p^r) \mid b^2 \equiv D \ (\mathrm{mod} \ p^r) \} \qquad (p \neq 2)$

とおいて

$$R^*(n) = R^*(2^{r_0}) R^*(p_1^{r_1}) \cdots R^*(p_s^{r_s})$$

がわかる. (25) の右辺は乗法的であるから素数べきのみを考察すればよい. $p\nmid D$ (そして $r>0$) に対して (30) の右辺は D が $\bmod p$ に関して平方剰余であるか非剰余であるかに従い,0 または 2 に等しい. $p\,|\,D$ に対してはそれは,$r=1$ ならば 1 に等しく(解は $b\equiv 0 \pmod p$ のみ),$r>1$ ならば 0 に等しい($p^2\nmid D$ であるから). これらの値を (26) に代入すれば,$\left(\dfrac{D}{p}\right)=+1$ の場合,

$$R(p^r) = \sum_{0\le s<r/2} 2 + \sum_{s=r/2} 1$$
$$= r+1 = \sum_{0\le i\le r} \chi_D(p^i)$$

となり,$\left(\dfrac{D}{p}\right)=-1$ の場合は,

$$R(p^r) = \sum_{0\le s<r/2} 0 + \sum_{s=r/2} 1$$
$$= \left\{ \begin{array}{ll} 1 & (r \quad 偶数) \\ 0 & (r \quad 奇数) \end{array} \right\} = \sum_{0\le i\le r} \chi_D(p^i)$$

である. さらに $p\,|\,D$ の場合

$$R(p^r) = \sum_{0\le s<(r-1)/2} 0 + \sum_{(r-1)/2\le s\le r/2} 1$$
$$= 1 = \sum_{0\le i\le r} \chi_D(p^i)$$

となる. これで (25) は $n=p^r$, p:奇数,に対してはどんな場合にも証明された. $n=2^r$ に対する証明は同様に行われるが,それは読者に委ねる.

系 D, χ_D は定理と同じとする. そのとき,全表現数 $R(n)$ の平均値は,L 級数 $L(s, \chi_D)$ の $s=1$ における値に等しい:

(31) $$\lim_{N\to\infty}\left(\frac{1}{N}\sum_{n=1}^{N} R(n)\right) = L(1, \chi_D).$$

証明 (25) により

$$\sum_{n=1}^{N} R(n) = \sum_{n\le N}\sum_{m|n}\chi_D(m)$$
$$= \sum_{km\le N}\chi_D(m)$$
$$= \sum_{m<\sqrt{N}}\chi_D(m)\sum_{k\le N/m} 1 + \sum_{k\le\sqrt{N}}\sum_{\sqrt{N}\le m\le N/k}\chi_D(m)$$

である. (第二の和,すなわち $m\ge\sqrt{N}$ についての和で,$km\le N$ により自動

72 第 II 部　2次体とそのゼータ関数

的に $k \leq \sqrt{N}$ である.) しかし

$$\sum_{k \leq N/m} 1 = \left[\frac{N}{m} \right] = \frac{N}{m} + O(1)$$

であり

$$\sum_{\sqrt{N} \leq m \leq N/k} \chi_D(m) = O(1)$$

である (各区間 $(r-1)|D| < m \leq r|D|$ において $\chi_D(m)$ の和は §5, 定理 2 により消える. そして右端, 左端の 2 つの区間 $\sqrt{N} \leq m \leq \left[\frac{\sqrt{N}}{|D|} + 1 \right]|D|$ および $\left[\frac{N}{k|D|} \right]|D| < m \leq \frac{N}{k}$ は有界な長さをもつ). よって

$$\sum_{n \leq N} R(n) = \sum_{m < \sqrt{N}} \chi_D(m) \left(\frac{N}{m} + O(1) \right) + \sum_{k \leq \sqrt{N}} O(1)$$

$$= N \cdot \sum_{m=1}^{[\sqrt{N}]} \frac{\chi_D(m)}{m} + O(\sqrt{N})$$

である. これよりわれわれの系が証明される.

定理 4　f を原始的な, 判別式 D の 2 元 2 次形式とする. ただし $D < 0$ に対しては正定値であるとする. そのとき, 表現数 $R(n, f)$ の平均値は

$$(32) \qquad \lim_{N \to \infty} \frac{1}{N} \left(\sum_{n=1}^{N} R(n, f) \right) = \begin{cases} \dfrac{2\pi}{w\sqrt{|D|}} & D < 0, \\[3mm] \dfrac{\log \varepsilon_0}{\sqrt{D}} & D > 0 \end{cases}$$

により与えられる. ここで w は (20) で与えられた U_f の位数, ε_0 は f の基本単数である.

証明　この定理は幾何学的な方法で証明される. まず $D < 0$ とする. $|U_f| = w < \infty$ であり, U_f は $\mathbf{Z}^2 - 0$ の上で固定点をもたず作用する. 一方, w は (15) の互いに同値な解の個数を示す. ゆえに非同値な解の個数 $R(n, f)$ はすべての解の個数の $\frac{1}{w}$ 倍に等しい:

$$(33) \qquad R(n, f) = \frac{1}{w} \#\{(x, y) \in \mathbf{Z}^2 \mid ax^2 + bxy + cy^2 = n\}.$$

よって

§8 2元2次形式　73

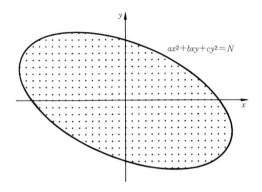

$$\sum_{n=1}^{N} R(n, f) = \frac{1}{w} \#\{(x, y) \in \mathbb{Z}^2 \mid ax^2 + bxy + cy^2 \leq N\}$$

である．不等式 $ax^2 + bxy + cy^2 \leq N$ は楕円（図をみよ）の内部を表す．この領域は面積 $2\pi N/\sqrt{|D|}$ をもつ（問題6）．十分大きな N に対して，この領域内の格子点の個数は，近似的にその面積に等しい（図では $a=2, b=3, c=5, N=400$, に対し格子点の個数 $=457$ で面積は $2\pi N/\sqrt{|D|} = 451.4$ である）．ゆえに

$$\lim_{N \to \infty} \frac{1}{N} \#\{(x, y) \in \mathbb{Z}^2 \mid ax^2 + bxy + cy^2 \leq N\}$$
$$= \frac{2\pi}{\sqrt{|D|}}.$$

$D > 0$ に対して U_f は無限群であり，論法は変る．(x', y') が，変換 (4)——$\begin{pmatrix} \alpha & \beta \\ \gamma & \delta \end{pmatrix}$ は (23) の数 ε に対応する f の自己同型——により (x, y) から得られる (15) の解ならば，容易に確かめられるように，

$$x' + \frac{b - \sqrt{D}}{2a} y' = \varepsilon \left(x + \frac{b - \sqrt{D}}{2a} y \right)$$

である．簡単のため

$$\theta = \frac{-b + \sqrt{D}}{2a}, \qquad \theta' = \frac{-b - \sqrt{D}}{2a}$$

と書けば（したがって $ax^2 + bxy + cy^2 = a(x - \theta y)(x - \theta' y)$ である），

$$x' - \theta y' = \varepsilon (x - \theta y), \qquad x' - \theta' y' = \varepsilon' (x - \theta' y),$$

$$\frac{x'-\theta'y'}{x'-\theta y'} = \varepsilon^{-2}\frac{x-\theta'y}{x-\theta y}$$

が成り立つ. 各 ε は $\pm\varepsilon_0{}^n$ の形をもつから, 条件

$$x'-\theta y' > 0, \quad 1 < \frac{x'-\theta'y'}{x'-\theta y'} \leq \varepsilon_0{}^2$$

をみたし (x, y) に同値なただ 1 つの解 (x', y') を求めることができる. 不定形式に対して (33) に対応する結果は

$$R(n, f) = \#\left\{(x, y) \in \mathbf{Z}^2 \mid ax^2 + bxy + cy^2 = n, \right.$$
$$\left. x - \theta y > 0, \ 1 < \frac{x-\theta'y}{x-\theta y} \leq \varepsilon_0{}^2\right\}$$

である. そのとき $D < 0$ の場合とまったく同じように, (32) の極限は

$$\lim_{N\to\infty}\frac{1}{N}\cdot\left[\left\{(x,y)\in\mathbf{R}^2 \mid ax^2+bxy+cy^2\leq N, \ x-\theta y>0,\right.\right.$$
$$\left.\left.1<\frac{x-\theta'y}{x-\theta y}\leq\varepsilon_0{}^2\right\} \text{の面積}\right]$$

であることがわかる. 上の不等式は双曲線的扇形を示している (図をみよ. そこでは $a=1, b=3, c=-3, N=100, \varepsilon_0 = \dfrac{5+\sqrt{21}}{2}$ としてある). その面積は $\dfrac{\log \varepsilon_0}{\sqrt{D}}N$ に等しい (問題 7). これより $D<0$ の場合のようにして定理の主張

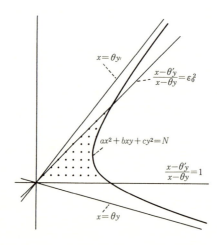

が証明される. 基本単数の存在もまた証明されたことになる. すなわち $U_f =$ $\{\pm 1\}$ とすれば, $R(n)$ の平均値の存在に矛盾して, $R(n, f)$ の平均値が無限になってしまう. それは双曲線 $ax^2 + bxy + cy^2 = N$ とその漸近線の間の部分の面積が限りなく大きくなるからである. ――

$R(n)$ が有限な平均値 $L(1, \chi_D)$ をもち, $R(n, f)$ の平均値は正で判別式にのみ依存するという事実から, 類数の有限性, および $L(1, \chi_D)$ が消えないことに対する新しい証明が得られる. 定理4および定理3の系より (少なくとも基本判別式に対して. 一般の場合は問題8をみよ) ディリクレの最初の主結果, すなわち $h(D)$ と $L(1, \chi_D)$ の関係, が得られる.

定理 5 D を判別式とする. そのとき

$$(34) \qquad h(D) = \begin{cases} \dfrac{w\sqrt{|D|}}{2\pi} L(1, \chi_D) & D < 0, \\[2mm] \dfrac{\sqrt{D}}{\log \varepsilon_0} L(1, \chi_D) & D > 0 \end{cases}$$

である. ――

次節で $L(1, \chi_D)$ を求めよう. そうすれば最終的な類数公式が得られる.

問 題

1. 判別式 $m^2, m > 0$, の2次形式 (または原始的2次形式) の同値類はちょうど m 個 (または $\varphi(m)$ 個) 存在することを示せ. 判別式0の形式はどのように分類するか? 判別式が0または平方数である形式の自己同型群は何か?

2. 2次形式 $x^2 + y^2$, $x^2 + xy + y^2$, $2x^2 + 3xy + y^2$, $x^2 - 5y^2$, $2x^2 + 6xy + 3y^2$ の自己同型群をそれぞれ求めよ.

3. 1つの奇数 n を2つの平方数の和として何通りに表すことができるか. (まず素数の場合を考えよ; $h(-4) = 1$ が必要である.) §2の最後の例を参照せよ. 偶数 n に対してはどんな結果となるか.

4. $h(5) = 1$ を用いて,

$$t^2 - 5u^2 = 4$$

の解は $u = \pm F_{2n}$, $t = \pm(F_{2n-1} + F_{2n+1})$ により与えられることを示せ. ここで F_n は第 n フィボナッチ数を示す. ($F_0 = 0, F_1 = 1, F_{n+1} = F_n + F_{n-1}$).

76 第 II 部 2 次体とそのゼータ関数

5. $D>0$ に対して，狭義および広義の類数は，方程式 $t^2-Du^2=-4$ が整数解をもつか，もたないかに従い $h_0(D)=h(D)$，または $h_0(D)=\frac{1}{2}h(D)$ を満たすことを示せ．

6. 定理 4 の証明に用いられた関係

$$\iint\limits_{ax^2+bxy+cy^2\leq N} dxdy = \frac{2\pi N}{\sqrt{4ac-b^2}} \qquad (4ac>b^2,\ a>0)$$

および

$$\iint\limits_{\substack{x,y\geq 0 \\ y\leq x(\varepsilon_0{}^2-1)/(\varepsilon_0{}^2\theta-\theta') \\ ax^2+bxy+cy^2\leq N}} dxdy = \frac{\log \varepsilon_0}{\sqrt{b^2-4ac}}N$$

$$(b^2-4ac>0,\ \varepsilon_0,\ \theta,\ \theta'\ \text{は本文と同じ})$$

を示せ．

7. $\displaystyle\sum_{n=1}^{\infty}\frac{1}{9n^2-1}, \quad \sum_{n=1}^{\infty}\frac{1}{16n^2-1}, \quad \sum_{n=1}^{\infty}\frac{n}{(25n^2-1)(25n^2-4)}$

を計算せよ．

8. $D\ (\neq0,\ \equiv0\ \text{または}\ 1\ (\mathrm{mod}\ 4))$ を一般判別式とする．そのとき D は，$r\in \mathbf{N}$ と基本判別式 D_0 により D_0r^2 と書かれる．

$$\chi_D(m) = \begin{cases} \chi_{D_0}(m) & (m,\ r)=1, \\ 0 & \text{そうでないとき} \end{cases}$$

とする．それは χ_{D_0} より誘導された指標である．次のことを示せ．

a) 定理 3 の主張は，r と互いに素な数に対しても正しい．すなわち $(n,\ r)=1$ に対し

$$R_D(n) = \sum_{m|n}\chi_D(n) \quad \left(= \sum_{m|n}\chi_{D_0}(n)\right).$$

（r と互いに素な数は，判別式 D の非原始的形式によって表されないから，上式は，すべての形式による表現を考えても，また原始的形式のみによる表現を考えても成り立つ.）

b) 定理 3 の系は，$(n,\ r)=1$ である n に制限した平均値に対しても成り立つ．すなわち

$$\lim_{N \to \infty}\Big(\sum_{\substack{n=1 \\ (n,r)=1}}^{N} R_D(n) \Big/ \frac{\varphi(r)}{r}N \Big) = L(1, \chi_D).$$

（**ヒント**　系の証明では，和の条件は $(k, r)=1$ でなければならないが $(m, r)=1$ である必要はない．それは $\chi_D(m)$ は $(m, r)>1$ に対して消えるからである．そのほか

$$\sum_{\substack{k \le N/m \\ (k,r)=1}} 1 = \frac{\varphi(r)}{r} \frac{N}{m}+O(1)$$

が成り立つ．）

c)　定理 4 は r と互いに素な数についての平均値を考えるときも成り立つ．それは平面の大きな領域において $(f(x, y), r)=1$ である数対 (x, y) の濃度は $\dfrac{\varphi(r)}{r}$ に等しいからである．

（**ヒント**　$p \mid r$ および判別式 D の原始的な形式 $f(x, y)=ax^2+bxy+cy^2$ に対して a および b がともに p で割り切れることはあり得ない．たとえば a が p に素で，$p \ne 2$ ならば，$4af(x, y) \equiv (2ax + by)^2 \pmod{p}$ より

$$\#\{(x, y) \bmod p \mid p \nmid f(x, y)\} = p(p-1)$$

が得られる．）

d)　公式 (34)（定理 5）は基本判別式でない判別式に対しても成り立つ．したがって $D=D_0 r^2$ および D_0 の類数は，関係

$$h(D) = \frac{\gamma_{D_0}(r)}{\nu_r}h(D_0)$$

により結ばれる．ここで

$$\gamma_{D_0}(r) = r\prod_{p \mid r}\Big(1-\frac{\chi_{D_0}(p)}{p}\Big)$$

であり，ν_r は U_{D_0} における U_D の指数である．（$U_D=\{(t, u) \mid t^2-Du^2=4\}$ は乗法 (19) により群をなす．）ゆえに $D<0$ に対して（$D_0=-3$ または $=-4$，かつ $r>1$ の場合——それぞれ $\nu_r=3, =2$ である——を除いて）$\nu_r=1$ であり，$D>0$ に対して

$$\nu_r = \min\{n \mid n>0, \ u_n \equiv 0 \pmod{r}\}$$

である．ここで (t_0, u_0) をペル方程式 (1) の最小正の解とするとき，t_n, u_n は

78   第 II 部 2次体とそのゼータ関数

$$\frac{t_n + u_n\sqrt{D_0}}{2} = \left(\frac{t_0 + u_0\sqrt{D_0}}{2}\right)^n$$

により定義される.

注意 問題の a) の部分は, $(n, r)=1$ に対する $R_D(n)$ の値を与える. (27) から導かれる一般的な結果は次の通りである: (r^2, n) が平方数でないならば $R_D(n)=0$ である. $(r^2, n)=s^2$, とし $n=n's^2, D=D's^2$ とおけば $\left(n', \dfrac{D'}{D_0}\right)=1$ であり

$$R_D(n) = \gamma_{D'}(s)\cdot\sum_{m\mid n'}\chi_{D'}(m)$$

である. (たとえば, F. Hirzebruch, D. Zagier: Invent. math. 36 (1976) pp. 69-70, Proposition 2 をみよ.)

■

§9 $L(1, \chi)$ の計算と類数公式

§8 では, 2元2次形式の類数決定を, 実指標に対する $L(1, \chi)$ の計算にどのように帰着させるかを考えた. 本節では $L(1, \chi)$ を, 任意のディリクレ指標 $\chi \neq \chi_0$ に対して計算する. われわれはすでに, この値が有限でかつ消えないことを証明している.

さて χ を主指標とは異なる指標とし, χ は原始的であると仮定する. (χ がある指標 χ_1 から誘導されるならば, L 級数 $L(s, \chi)$ と $L(s, \chi_1)$ とはオイラー積表示において有限個の因数のみ異なるから $L(1, \chi)$ と $L(1, \chi_1)$ の間には簡単な関係が存在する.) $L(1, \chi)$ を計算するために, **ガウスの和**

(1) $$G = \sum_{n=1}^{N}\chi(n)\,e^{2\pi in/N}$$

が必要である. G の必要な性質を次の補助定理にまとめておく.

補助定理1 χ を原始的ディリクレ指標 $(\bmod N)$ とし, G は (1) で定義されたものとする. そのとき

a) $\displaystyle\sum_{n=1}^{N}\chi(n)\,e^{2\pi ikn/N} = \overline{\chi(k)}\,G$ すべての $k \in \mathbf{Z}$,

$$\text{b)} \quad |G| = \sqrt{N}$$

が成り立つ.

証明 a) $(k, N) = 1$ の場合 a) は容易に示される. 何故ならばこの場合

$$\sum_{n(\mathrm{mod}\, N)} \chi(n)\, e^{2\pi i n k/N} = \sum_{n(\mathrm{mod}\, N)} \chi(n k^{-1})\, e^{2\pi i n/N}$$

$$= \sum_{n(\mathrm{mod}\, N)} \overline{\chi(k)}\, \chi(n)\, e^{2\pi i n/N}$$

$$= \overline{\chi(k)}\, G$$

であるからである. ここで, k^{-1} は $k \cdot k^{-1} \equiv 1 \ (\mathrm{mod}\, N)$ をみたす整数である. $(k, N) = d > 1$ とする;そのとき $\chi(k) = 0$. ゆえに $\sum \chi(n)\, e^{2\pi i k n/N}$ もまた 0 であることを示さなければならない. $k_1 = k/d$, $N_1 = N/d$ とすれば

$$\sum_{n(\mathrm{mod}\, N)} \chi(n)\, e^{2\pi i n k/N} = \sum_{n(\mathrm{mod}\, N)} \chi(n)\, e^{2\pi i n k_1/N_1}$$

$$= \sum_{n_1(\mathrm{mod}\, N_1)} e^{2\pi i n_1 k_1/N_1} \Bigg[\sum_{\substack{n(\mathrm{mod}\, N) \\ n \equiv n_1(\mathrm{mod}\, N_1)}} \chi(n) \Bigg]$$

である. 何故ならば $e^{2\pi i n k_1/N_1}$ は $n\ (\mathrm{mod}\, N_1)$ の値にのみ依存するからである. われわれは[　]の内側の和が消えることを示そう. すなわち

$$(c, N) = 1, \quad c \equiv 1 \quad (\mathrm{mod}\, N_1), \quad \chi(c) \neq 1$$

である数 c をとることができる. (さもなければ χ は写像 $(\mathbf{Z}/N\mathbf{Z})^{\times} \to (\mathbf{Z}/N_1\mathbf{Z})^{\times}$ の核の上で常に 1 に等しい. よって χ は $(\mathbf{Z}/N_1\mathbf{Z})^{\times}$ 上分解されるが, それは原始性に矛盾する.) そのとき, §5, 定理 2 の証明と同様に, $nc\ (\mathrm{mod}\, N)$ は $n\ (\mathrm{mod}\, N)$ とともに $(\mathrm{mod}\, N)$ 上を動くから

$$(1 - \chi(c)) \sum_{\substack{n(\mathrm{mod}\, N) \\ n \equiv n_1(\mathrm{mod}\, N_1)}} \chi(n)$$

$$= \sum_{\substack{n(\mathrm{mod}\, N) \\ n \equiv n_1(\mathrm{mod}\, N_1)}} \chi(n) - \sum_{\substack{n(\mathrm{mod}\, N) \\ n \equiv n_1(\mathrm{mod}\, N_1)}} \chi(nc) = 0$$

である. $1 - \chi(c) \neq 0$ により, この左辺の和は 0 に等しい.

b) を証明するために a) を用いる:

$$|G|^2 = G\bar{G} = G \sum_{k=1}^{N} \overline{\chi(k)}\, e^{-2\pi i k/N}$$

$$= \sum_{k=1}^{N} \sum_{n=1}^{N} \chi(n)\, e^{2\pi i k n/N} e^{-2\pi i k/N}$$

$$= \sum_{n=1}^{N} \chi(n) \sum_{k(\mathrm{mod}\, N)} e^{2\pi i k(n-1)/N}.$$

ここで内側の和は $n=1$ に対して明らかに N に等しい．一方それは $n \neq 1$ に対して消える（k を $k+1$ でおきかえるときそれには $e^{2\pi i(n-1)/N} \neq 1$ が乗ぜられる）：ゆえに

$$|G|^2 = \chi(1)\cdot N = N$$

が成り立つ．——

b) より，とくに $G \neq 0$ である．ゆえに a) の公式を G で割ることができる．そして両辺の共役をとれば

$$(2) \qquad \chi(k) = \frac{1}{\bar{G}} \sum_{n=1}^{N} \bar{\chi}(n)\, e^{-2\pi i n k/N}$$

が得られる．ガウスの和の意味を明示しているのがこの関係である．すなわちそれは，周期関数 $k \to \chi(k)$ をより単純な周期関数 $k \to e^{2\pi i k n/N}$ の一次結合として表現しているのである．

なお次の補助定理を要する．

補助定理 2 $0 < \theta < 2\pi$ に対して

$$(3) \qquad \sum_{n=1}^{\infty} \frac{e^{in\theta}}{n} = -\log\!\Big(2\sin\frac{\theta}{2}\Big) + i\Big(\frac{\pi}{2} - \frac{\theta}{2}\Big).$$

証明 和 $\sum_{n=1}^{\infty} \dfrac{z^n}{n}$ は $|z| \leq 1$, $z \neq 1$, に対して $-\log(1-z)$ に収束する．ここで $\log$ の枝は，それが正の実軸上で実数であるようにとられる．図は，$1-z$ が $|z| < 1$ に対して常に $-\dfrac{\pi}{2}$ と $+\dfrac{\pi}{2}$ の間の偏角をもつことを示す：したがって $\log(1-z)$ の枝をその虚数部がこの範囲に入るように選ばなければならない．さて $0 < \theta < 2\pi$ に対して $\sin\dfrac{\theta}{2} > 0$ であり，また $\left|\dfrac{\pi}{2} - \dfrac{\theta}{2}\right| < \dfrac{\pi}{2}$ である．ゆえに

$$\sum e^{in\theta}/n = -\log(1-e^{i\theta})$$
$$= -\log\!\Big(-e^{\frac{i\theta}{2}}\Big(e^{\frac{i\theta}{2}} - e^{-\frac{i\theta}{2}}\Big)\Big)$$
$$= -\log\!\Big(-e^{\frac{i\theta}{2}}\Big(2i\sin\frac{\theta}{2}\Big)\Big)$$

§9 $L(1,\chi)$ の計算と類数公式　81

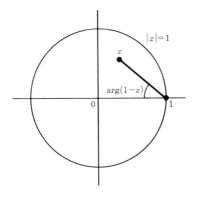

$$= -\log\left(e^{-\frac{i\pi}{2}+\frac{i\theta}{2}}\cdot 2\sin\frac{\theta}{2}\right)$$
$$= -\log\left(2\sin\frac{\theta}{2}\right)+i\left(\frac{\pi}{2}-\frac{\theta}{2}\right).$$

等式(2), (3) を用いれば，容易に $L(1,\chi)$ を定めることができる．

$$L(1,\chi) = \sum_{k=1}^{\infty}\frac{\chi(k)}{k} = \frac{1}{\overline{G}}\sum_{k=1}^{\infty}\frac{1}{k}\sum_{n=1}^{N-1}\overline{\chi}(n)e^{-2\pi ikn/N}$$

（$\overline{\chi}(N)=0$ により $n=N$ をとりのぞいた）

$$= \frac{1}{\overline{G}}\sum_{n=1}^{N-1}\overline{\chi}(n)\sum_{k=1}^{\infty}\frac{e^{-2\pi ikn/N}}{k}$$
$$= \frac{1}{\overline{G}}\sum_{n=1}^{N-1}\overline{\chi}(n)\left(-\log\left(2\sin\frac{\pi n}{N}\right)-i\left(\frac{\pi}{2}-\frac{n\pi}{N}\right)\right)$$

である．（ここで(3)の共役な形を用いた）$\sum_{n=1}^{N-1}\overline{\chi}(n)=0$ であるから括弧の中の $-\log 2$ および $-i\frac{\pi}{2}$ の項を消すことができる．こうして次の定理が得られた．

定理1 χ を原始的ディリクレ指標 $(\bmod N)$, $N>1$, とする．そのとき

(4) $\quad L(1,\chi) = -\frac{1}{\overline{G}}\sum_{n=1}^{N-1}\overline{\chi}(n)\log\sin\frac{\pi n}{N}+\frac{i\pi}{N\overline{G}}\sum_{n=1}^{N-1}\overline{\chi}(n)n.$

さて，χ が実指標の場合を考える．したがって，ある基本判別式 D により $\chi=\chi_D$, $N=|D|$, と書かれる．

$$\overline{G} = \sum_{n(\mathrm{mod}\ N)} \overline{\chi(n)}\, e^{-2\pi in/N}$$
$$= \sum_{n(\mathrm{mod}\ N)} \chi(n)\, e^{-2\pi in/N}$$
$$= \sum_{n(\mathrm{mod}\ N)} \chi(-n)\, e^{2\pi in/N} = \chi(-1)\, G$$

により，$\chi(-1)=+1,\ -1$ であるに従い，G は実数または純虚数である．(5.9) により，われわれはそれが $D>0$ または $D<0$ に対応していることを知っている．補助定理 1, b) から

$$(5) \qquad G = \begin{cases} \pm\sqrt{D} & D>0, \\ \pm i\sqrt{|D|} & D<0 \end{cases}$$

を得る．この等式の符号決定については，数論の歴史においてもっとも重大なるエピソードがあり，さすがのガウス――生涯に多くの証明を与えた――も 2, 3 年を費している．答えは

$$(6) \qquad G = \begin{cases} +\sqrt{D} & D>0, \\ +i\sqrt{|D|} & D<0 \end{cases}$$

である．われわれはこのことを証明しない．それは，$L(1, \chi_D)$，および $h(D)$ を決定するという目的のためには――2 つの量は正の数であることを，とにかく知っている――G を，符号をのぞいて知れば十分であるからである．

実指標 χ に対して $L(1, \chi)$ はたしかに実数であるが，一方 (5) により G は実数または純虚数である．それゆえおのおのの場合に，(4) の 2 つの和の一方――$\chi(-1)=-1$ の場合には第一の和，$\chi(-1)=1$ の場合には第二の和――は恒等的に消える(問題 1 をも参照のこと)．したがって (4) および (6) から次の結果が得られる．

定理 2 D を基本判別式とする．そのとき，

$D<0$ に対して

$$(7) \qquad L(1, \chi_D) = -\frac{\pi}{|D|^{3/2}} \sum_{n=1}^{|D|-1} \chi_D(n)\, n,$$

$D>0$ に対して

$$(8) \qquad L(1, \chi_D) = -\frac{1}{\sqrt{D}} \sum_{n=1}^{D-1} \chi_D(n) \log \sin\frac{\pi n}{D}.$$

§8, 定理5と結びつければこの公式は類数に対する，求めていた初等的な表現を与えるのである．

定理3　D を基本判別式とする．

$D<0$ に対して

$$\text{(9)}\qquad h(D) = -\frac{w/2}{|D|}\sum_{n=1}^{|D|-1}\chi_D(n)\,n.$$

ここで w は (8.20) により与えられる．

$D>0$ に対して

$$\text{(10)}\qquad h(D) = -\frac{1}{\log \varepsilon_0}\sum_{n=1}^{D-1}\chi_D(n)\log\sin\frac{\pi n}{D}.$$

ここで $\varepsilon_0>1$ は基本単数である．——

ここでは符号を無視して証明しているが，実際この公式は正しいということを強調したい．直接に——すなわち，解析的方法でなくまた定理3を用いずに——等式 (7)-(10) に現れている和が負であることを示すことができるならば，$L(1,\chi)>0$，$h(D)>0$ よりこれらの等式においてマイナスの符号が正しい——それより (6)（G の符号決定）に対する証明が得られる——ことが示される．しかしこれまでこのような証明はどこにも見出されない[*]．

定理3によりわれわれの目的は達成された．次に得られた類数公式をくわしく調べよう．まず 2,3 の例を与える．

$D=-3$：ここでは $w=6$．ゆえに (9) より

$$h(-3) = -\frac{3}{3}\sum_{n=1}^{2}\chi_{-3}(n)\,n = -(1-2) = 1.$$

$D=-4$：ここでは $w=4$．ゆえに

$$h(-4) = -\frac{2}{4}\sum_{n=1}^{3}\chi_{-4}(n)\,n = -\frac{1}{2}(1-3) = 1.$$

$D<-4$ に対しては $w=2$．ゆえに

（＊）　とにかく，(9) の簡単な証明はたしかに存在する．それは，2次形式による表現についての主定理（§8，定理3）を用いるが，無限級数あるいは，極限操作を用いないものである．(H. Orde : On Dirichlet's class number formula, J. London Math. Soc. 18(1978) 409-420)

84 第 II 部 2次体とそのゼータ関数

$$h(-7) = -\frac{1}{7}(1+2-3+4-5-6) = 1,$$

$$h(-8) = -\frac{1}{8}(1+3-5-7) = 1,$$

$$h(-11) = -\frac{1}{11}(1-2+3+4+5-6-7-8+9-10) = 1,$$

$$h(-15) = -\frac{1}{15}(1+2+4-7+8-11-13-14) = 2.$$

最後の例は $h(D)$ が $=1$ とは限らないことを示している. さらに計算を続ければ

$$h(-19) = 1, \quad h(-20) = 2, \quad h(-23) = 3, \quad h(-24) = 2$$

がわかる. これらの値をながめると, D が2つの異なる素数を含む限りでは $h(D)$ は常に偶数であることが確かめられる. それは一般的に成り立つ事実である:ガウスの種の理論を用いて, のちに (§12) 基本判別式 D (正または負) に対して

(11) $h(D)$: 奇数 $\Longleftrightarrow$ D は素判別式

を証明しよう. (D:素判別式とは $D=-4, +8, -8$ または $D=\pm p\equiv 1 \pmod 4$.) 一方 t 個の異なる素因数をもつ基本判別式に対して, 類数は 2^{t-1} で割り切れる.

(10) による計算はいささかまわりくどい. (10) を

$$\varepsilon_0{}^{h(D)} = \prod_{n=1}^{D-1}\left(\sin\frac{\pi n}{D}\right)^{-\chi(n)} \qquad (\chi(n)=\chi_D(n))$$

(12)
$$= \frac{\displaystyle\prod_{\substack{0<n<D\\\chi(n)=-1}}\sin\frac{\pi n}{D}}{\displaystyle\prod_{\substack{0<n<D\\\chi(n)=1}}\sin\frac{\pi n}{D}}$$

と書き変えることができる. $D=5$ に対して $\varepsilon_0=\frac{3+\sqrt{5}}{2}$ である ($t=3$, $u=1$ はペル方程式 $t^2-5u^2=4$ の最小正の解であるから). (12) の右辺は

$$\frac{\sin\frac{2\pi}{5}\sin\frac{3\pi}{5}}{\sin\frac{\pi}{5}\sin\frac{4\pi}{5}} = \left(\frac{\sin\frac{2\pi}{5}}{\sin\frac{\pi}{5}}\right)^2 = \left(2\cos\frac{\pi}{5}\right)^2$$

$$= \left(\frac{1+\sqrt{5}}{2}\right)^2 = \frac{3+\sqrt{5}}{2}$$

に等しい. ゆえに $h(5)=1$ である.

公式

$$L(1,\chi) = -\frac{1}{G}\sum_{n=1}^{N-1}\bar{\chi}(n)\log(1-\eta^n) \qquad (\eta = e^{2\pi i/N})$$

——それは定理 1 のわれわれの証明に対する出発点であった——により $D>0$ に対して, 公式 (10) を

$$h(D) = \frac{-1}{\log \varepsilon_0}\sum_{n=1}^{D-1}\chi_D(n)\log(1-\eta^n)$$

によっておきかえることができる. したがって

(13)
$$\varepsilon_0{}^{h(D)} = \prod_{n=1}^{D-1}(1-\eta^n)^{-\chi(n)} \qquad (\chi(n) = \chi_D(n))$$

$$= \frac{\displaystyle\prod_{\substack{0<n<D \\ \chi(n)=-1}}(1-\eta^n)}{\displaystyle\prod_{\substack{0<n<D \\ \chi(n)=1}}(1-\eta^n)}$$

であり, これは計算に適した形であると思われる. $D=8$ に対して

$$\varepsilon_0 = 3+\sqrt{8}, \qquad \eta = e^{2\pi i/8} = \frac{1+i}{\sqrt{2}}$$

であるから

$$(3+\sqrt{8})^{h(8)} = \frac{(1-\eta^3)(1-\eta^5)}{(1-\eta)(1-\eta^7)} = \frac{2-\eta^3-\bar{\eta}^3}{2-\eta-\bar{\eta}}$$

$$= \frac{2+\sqrt{2}}{2-\sqrt{2}} = 3+\sqrt{8}.$$

それゆえ $h(8)=1$ である.

(9) または (10) の右辺にそれぞれ生じた表現について何をいうことができるだろうか. すでに述べたように, それらが正であることは, これまで直接には証明されていない. それに反して, それらが整数であることは初等的に証明できる. $D>0$ に対して, そのことは円周等分論より証明される. その援用の下に, (13) の右辺は $\frac{t+u\sqrt{D}}{2}$, $t^2-u^2D=4$, の形の数であること, それゆえおのおのの場合に ε_0 のべきであることを証明することができる (問題 6 をみよ).

86　第 II 部　2次体とそのゼータ関数

$D<0$ に対しては (9) の右辺が整数であることをまったく初等的に証明できる.
たとえば $D=-p<-3$, p: 素数, とする (したがって $p\equiv3\ (\mathrm{mod}\,4)$ である) ;
そのとき (9) の右辺は

(14) $$\frac{1}{p}(\Sigma N-\Sigma R)$$

に等しい. ここで N は区間 $[0,p]$ に属する, p のすべての平方非剰余, R は
すべての平方剰余を動く. ここで

$$\Sigma N+\Sigma R = \sum_{n=1}^{p-1}n = \frac{p(p-1)}{2} \equiv 0 \quad (\mathrm{mod}\,p),$$

$$2\Sigma R \equiv \sum_{n=1}^{p-1}n^2 = \frac{p(p-1)(2p-1)}{6} \equiv 0 \quad (\mathrm{mod}\,p)$$

であるから, (14) は整数である. さて (14) が正であることは, 平方非剰余が
平均して平方剰余より大であることを意味する. われわれは (9) を用いて, 同
値な事実, 0 と $\dfrac{p}{2}$ の間には平方剰余が平方非剰余より多く存在すること, を
証明しよう. これは次の定理より導かれる.

定理 4　基本判別式 $D<-4$, に対して

(15) $$h(D) = \frac{1}{2-\chi_D(2)}\sum_{0<k<|D|/2}\chi_D(k)$$

が成り立つ. すなわち, 区間 $\left[0,\dfrac{1}{2}|D|\right]$ の中には $\chi_D(k)=+1$ である数 k の
方が, $\chi_D(k)=-1$ である数 k より多く存在する. そして超過分は, $D\equiv1$
$(\mathrm{mod}\,8)$ または $D\equiv0\ (\mathrm{mod}\,4)$ または $D\equiv5\ (\mathrm{mod}\,8)$ に従い, それぞれ $h(D)$,
$2h(D)$ または $3h(D)$ に等しい. ((5.8b) をみよ.)

証明　D は奇数とする (偶数の D に対しては問題 2 をみよ).

$$Q = \sum_{n=1}^{|D|-1}\chi_D(n)\,n$$

とおく. n が偶数であるか奇数であるかに従い, n を $2k$, $0<k<\dfrac{|D|}{2}$, また
は $2k-|D|$, $\dfrac{|D|}{2}<k<|D|$, と書くことができる. ゆえに

$$Q = \sum_{0<k<|D|/2}\chi_D(2k)\cdot 2k + \sum_{|D|/2<k<|D|}\chi_D(2k-|D|)\cdot(2k-|D|)$$

$$= \sum_{0<k<|D|/2} \chi_D(2k)\cdot 2k + \sum_{|D|/2<k<|D|} \chi_D(2k)\cdot(2k-|D|)$$

$$= 2\sum_{0<k<|D|} \chi_D(2k)\cdot k - |D|\sum_{|D|/2<k<|D|} \chi_D(2k)$$

$$= 2\chi_D(2)Q - |D|\chi_D(2)\sum_{|D|/2<k<|D|} \chi_D(k)$$

が成り立つ. したがって

$$Q = \frac{|D|\chi_D(2)}{2\chi_D(2)-1}\sum_{|D|/2<k<|D|} \chi_D(k)$$

あるいは, $\chi_D(2)=\pm1$, $\displaystyle\sum_{0<k<|D|}\chi_D(k)=0$ であるから

$$Q = -\frac{|D|}{2-\chi_D(2)}\sum_{0<k<|D|/2} \chi_D(k)$$

と書くことができる. しかし (9) により $h(D)=-\dfrac{1}{|D|}Q$ であるからこれで (15) は奇数 D に対して証明された. 以上で $D\equiv1\ (\mathrm{mod}\,4)$ かつ $3\nmid D$ に対して, (9) の右辺が整数であることも証明されている. ——

(15) の例として, $D=-19$ を考える. その D に対して, 区間 $[0,9]$ の中に 6 個の平方剰余 $1,4,5,6,7,9$ および 3 個の平方非剰余 $2,3,8$ がある. ゆえに $h(-19)=\dfrac{1}{3}(6-3)=1$ である. $D=-23$ に対しては, 区間 $[0,11]$ の中に 7 個の平方剰余 $1,2,3,4,6,8,9$ および 4 個の平方非剰余 $5,7,10,11$ がある. ゆえに $h(-23)=\dfrac{1}{1}(7-4)=3$ であり, したがって 23 は $p\equiv3\ (\mathrm{mod}\,4)$, $h(-p)>1$ である最初の素数である.

最後に $h(D)$ の増大性について少し触れよう.

$$D = -3,\quad -4,\quad -7,\quad -8,\quad -11,\quad -19$$

に対して $h(D)=1$ であることはすでにみた; さらに

$$D = -43,\quad -67,\quad -163$$

に対しても $h(D)=1$ であることがわかる. ガウスは $0>D>-10{,}000$ に対して $h(D)$ を計算し上記以外に $h(D)=1$ となる基本判別式をみいだすことができなかった. 彼は, 類数 1 をもつ基本判別式はこれら 9 個だけであると予想した. ((11) により $D<-8$ に対しては, 素数の D のみが問題となる.) さらにガウスは

88 第 II 部　2 次体とそのゼータ関数

$$D \longrightarrow -\infty \quad \text{に対して} \quad h(D) \longrightarrow \infty$$

を予想した．この最後の予想は，まず 1934 年に Heilbronn により証明された
が，続いて，その結果は Siegel により本質的に深められた．すなわち彼は ε
>0 に対し，

$$(16) \qquad\qquad h(D) > C|D|^{\frac{1}{2}-\varepsilon} \qquad (D<0)$$

が，適当な（ε に依存する）$C>0$ に対して成り立つことを証明したのである．
他方，§8，定理 1 の証明より逆の評価

$$(17) \qquad\qquad h(D) < C'|D|^{\frac{1}{2}+\varepsilon} \qquad (D<0)$$

が容易に得られる．したがってこの定理はまた

$$\lim_{D \to -\infty} \frac{\log h(D)}{\log |D|} = \frac{1}{2}$$

と定式化される．ガウスの第一の予想は，1934 年に，Heilbronn と Linfoot
により "殆んど" 証明された．彼等は，$h(D)=1$ である判別式 $D<-163$ は
高々 1 つ存在することを示した．この存在するかも知れない "10 番目の判別
式" について，それが $<-5 \cdot 10^9$ でなければならないことを知るだけでも永い
年月を要した．1952 年 Heegner がはじめて 10 番目の判別式は存在しないこ
とを証明した；彼の証明は他の数学者には欠陥があるように思われたが，
Stark によりはじめて "復権" し，さらに定理の全く別の証明が Baker により
与えられた．

　$D>0$ に対して Siegel は (16)，(17) の代りに不等式

$$(18) \qquad\quad CD^{\frac{1}{2}-\varepsilon} < h(D)\log \varepsilon_0 < C'D^{\frac{1}{2}+\varepsilon} \qquad (D \to \infty)$$

すなわち

$$\lim_{D \to \infty} \frac{\log(h(D)\log \varepsilon_0)}{\log D} = \frac{1}{2}$$

を証明した．（Siegel が実際に証明したのは，すべての D に対して

$$C'|D|^{-\varepsilon} < L(1, \chi_D) < C|D|^{\varepsilon}$$

が成り立つということである．それは D の符号に従い (16)，(17) あるいは
(18) を与える．）しかしこのことからは，$h(D)$ が限りなく大きくなることを結
論することは出来ない．それは ε_0 が D に比べはるかに大きくなるかもしれな

いからである.(たとえば $D=97$ に対して $\varepsilon_0=62809633+6377352\sqrt{97}$ である.)そして実際数値表によれば(すでにガウスは 3000 まで求めていた)類数 1 をもつ基本判別式は無限に多く存在することが予想される.(これらは (11) によりすべて素判別式でなければならない.)基本的でない判別式を許すならばどの場合にも,$h(D)=1$ である D は無限個存在する.(問題 5)

$h(D)$ あるいは $h(D)\log\varepsilon_0$ の精確な増大性については (16)-(18) 以外には全く知られていないが,**平均値**については,それが,あたかも $h(D)\sim C|D|^{1/2}$ あるいは $h(D)\log\varepsilon_0\sim CD^{1/2}$ であるかのようにふるまうことが証明される.すなわち $N\to\infty$ に対して

$$\sum_{\substack{0>D>-N\\D\equiv0(\mathrm{mod}\,4)}}h(D)\sim\frac{\pi}{42\zeta(3)}N^{3/2},$$

$$\sum_{\substack{0<D<N\\D\equiv0(\mathrm{mod}\,4)}}h(D)\log\varepsilon_0\sim\frac{\pi^2}{42\zeta(3)}N^{3/2}$$

が証明される.ここで $\zeta(3)=1.20205\cdots$ は $\zeta(s)$ の $s=3$ における値である.この関係はガウスにより与えられた.しかし彼の証明は,それぞれ Mertens および Siegel によりはじめて公表されたのである.(条件 $D\equiv0\ (\mathrm{mod}\,4)$ はガウスが偶数 b をもつ 2 次形式 $ax^2+bxy+cy^2$ のみを研究したことに由来する.すべての D に関する和に対しては類似の漸近公式が,42 の代りに 18 を用いて成り立つ.)

問 題

1. χ を任意の(ゆえに実とは限らない)ディリクレ指標 $(\mathrm{mod}\,N)$ とする.χ が偶の場合(すなわち $\chi(-1)=1$),(4) の第二の和は消えること,χ が奇の場合(すなわち,$\chi(-1)=-1$),(4) の第一の和が消えることを示せ.

2. $D\equiv0\ (\mathrm{mod}\,4)$ に対して $\chi_D\left(k+\frac{1}{2}D\right)=-\chi_D(k)$ を示せ.この場合に,定理 4 および公式 $h(D)=\sum_{0<k<|D|/4}\chi_D(k)\ (D<0)$ を証明せよ.

3. 定理 4 および問題 2 を用いて,負の基本判別式に対して (11) を証明せよ.

90　第 II 部　2次体とそのゼータ関数

4. $-30 < D < 15$ に対し $h(D)$ を求めよ.

5. $i \geqq 0$ に対して $h(5^{2i+1}) = 1$ が成り立つことを示せ.

（**ヒント** §8, 問題 8, d) を応用せよ.）

6. p を素数 $\equiv 1 \pmod 4$, $\eta = e^{2\pi i/p}$ とする.

$$\eta_R = \sum_R \eta^R, \qquad \eta_N = \sum_N \eta^N$$

とする. ここで $\displaystyle\sum_R$, $\displaystyle\sum_N$ はそれぞれすべての平方剰余, 平方非剰余についての和を示す. そのとき (5) により

$$\eta_R + \eta_N = \sum_{k=1}^{p-1} \eta^k = -1,$$

$$\eta_R - \eta_N = \sum_{k=1}^{p-1} \left(\frac{k}{p}\right) \eta^k = \pm\sqrt{p}$$

である. 1 の p 乗根 $\zeta\,(\neq 1)$ のおのおのに対して

$$F_R(\zeta) = \prod_R (1 - \zeta^R)$$

とおく. ここで R はすべての平方剰余 $(\mathrm{mod}\,p)$ をうごく. 次のことを示せ.

a)　$F_R(\zeta) = \displaystyle\sum_{r=0}^{p-1} a_r \zeta^r$, $a_r \in \boldsymbol{Z}$, と書かれる.

b)　$\left(\dfrac{k}{p}\right) = 1$ に対し $F_R(\zeta^k) = F_R(\zeta)$ が成り立つ. それゆえ $a_{kr} = a_r$ である.

（ここで $\zeta, \zeta^2, \cdots, \zeta^{p-1}$ の一次独立性, すなわち, 円周等分多項式 $x^{p-1} + x^{p-2} + \cdots + x + 1$ の既約性を用いる）. したがってまた

$$\left(\frac{r}{p}\right) = 1 \qquad \text{に対し} \quad a_r = a_R,$$

$$\left(\frac{r}{p}\right) = -1 \qquad \text{に対し} \quad a_r = a_N$$

となるような $a_R, a_N \in \boldsymbol{Z}$ が存在する.

c)　$F_R(\eta) = \dfrac{S \pm T\sqrt{p}}{2}$　　$(S = 2a_0 - a_R - a_N,\ \ T = a_R - a_N \in \boldsymbol{Z})$

および

$$\prod_N (1 - \eta^N) = F_R(\eta^{N_0}) \qquad (N_0 \text{ はある非剰余})$$

$$= \frac{S \mp T\sqrt{p}}{2}$$

§10 2次形式と2次体 **91**

を導け.

d) $\prod_{k=1}^{p-1}(1-\eta^k)=p$ であること (たとえば $\dfrac{x^p-1}{x-1}=\prod_{k=1}^{p-1}(x-\eta^k)$ を用いる),

$$S^2-T^2p = 4p, \qquad S = pU, \qquad T^2-pU^2 = -4$$
$$T, U \in \mathbf{Z}$$

であること (ペル方程式 $x^2-py^2=-4$ はしたがって自明でない解をもつ!),
および $t, u \in \mathbf{Z}$, $t^2-u^2p=4$, $u\neq0$ により

$$\frac{\prod_N(1-\eta^N)}{\prod_R(1-\eta^R)} = \frac{t+u\sqrt{p}}{2}$$

と書かれることを示せ.

■

§10 2次形式と2次体

　この節では2次体に関する主な結果をまとめ, 2次形式論が (少なくとも基本判別式の場合) このような体のイデアル論と同値であることを示そう. §11においてこの思想をさらに展開し, 前節で証明された表現数についての定理を, 2次体の整数論という観点から見直すことにしよう.

　K を **2次体**, すなわち, $\mathbf{Q}$ を含み $[K:\mathbf{Q}]=2$ である体とする. そのとき, 平方数でない整数 d により

$$K = \mathbf{Q}(\sqrt{d})$$

と書くことができる. $\mathbf{Q}(\sqrt{f^2d})=\mathbf{Q}(f\sqrt{d})=\mathbf{Q}(\sqrt{d})$ であるから d は**平方因子をもたない**と仮定してよい. K の各数は $a+\beta\sqrt{d}$, $\alpha, \beta \in \mathbf{Q}$, の形に一意的にかかれる.

　$\mathfrak{O}\subset K$ を**全整数環**, すなわち, $\mathbf{Z}$ 係数で最高次の係数が1である方程式をみたす K の数全体, とする. 容易に $\mathfrak{O}$ を定めることができる: $x=\alpha+\beta\sqrt{d} \in K$ とすれば

$$x^2-sx+n = 0,$$
$$s = x+x' = Sp(x) \quad :x の \mathbf{跡},$$

92　第 II 部　2次体とそのゼータ関数

$$n = xx' = N(x) \qquad : x \text{ のノルム}$$

である. ここで $x' = a - \beta\sqrt{d}$ は x の**共役**である. そのとき $x \in \mathfrak{O}$ であるための必要十分条件は s および n が $\boldsymbol{Z}$ に属すること, すなわち

$$2a \in \boldsymbol{Z}, \qquad a^2 - \beta^2 d \in \boldsymbol{Z}$$

である. これより $2\beta \in \boldsymbol{Z}$ (何故ならば $(2\beta)^2 d = (2a)^2 - 4(a^2 - \beta^2 d) \in \boldsymbol{Z}$ で d は平方因子をもたないからである), したがって $a = \dfrac{a}{2}$, $\beta = \dfrac{b}{2}$, $x = \dfrac{a + b\sqrt{d}}{2}$, $a, b \in \boldsymbol{Z}$, $a^2 - b^2 d \equiv 0 \pmod 4$ である. $d \equiv 2$ または $d \equiv 3 \pmod 4$ ならばこの合同式は a, b が偶数のとき, すなわち a および β が $\boldsymbol{Z}$ に属するとき, に限りみたされる; $d \equiv 1 \pmod 4$ ならばその合同式は $a \equiv b \pmod 2$ に同値である. ゆえに

$$(1) \qquad \mathfrak{O} = \begin{cases} \boldsymbol{Z} \cdot 1 + \boldsymbol{Z} \cdot \sqrt{d} & d \equiv 2, 3 \pmod 4, \\ \boldsymbol{Z} \cdot 1 + \boldsymbol{Z} \cdot \dfrac{1 + \sqrt{d}}{2} & d \equiv 1 \pmod 4 \end{cases}$$

である. (記法 $M = \boldsymbol{Z}x + \boldsymbol{Z}y$ は以下, x および y が M に対する $\boldsymbol{Z}$ 基底であることを意味する.) K の**判別式** D とは, a, β が $\mathfrak{O}$ の基底であり, a', β' がそれぞれ共役であるとき, $\begin{pmatrix} a & \beta \\ a' & \beta' \end{pmatrix}$ の行列式の平方を意味する. (他の基底をとっても, この行列式はたかだか符号を変えるだけである.) 基底 (1) を用いて, それぞれの場合に対して

$$D = \det\begin{pmatrix} 1 & \sqrt{d} \\ 1 & -\sqrt{d} \end{pmatrix}^2 = (-2\sqrt{d})^2 = 4d,$$

$$D = \det\begin{pmatrix} 1 & \dfrac{1 + \sqrt{d}}{2} \\ 1 & \dfrac{1 - \sqrt{d}}{2} \end{pmatrix}^2 = (-\sqrt{d})^2 = d$$

が成り立つ. すなわち

$$(2) \qquad D = \begin{cases} 4d & d \equiv 2, 3 \pmod 4, \\ d & d \equiv 1 \pmod 4. \end{cases}$$

よって §5 で定義された基本数すなわち基本判別式 ($\neq 1$) はちょうど 2次体の

§10　2次形式と2次体　　93

判別式であり，このような体はおのおの一意的に $\boldsymbol{Q}(\sqrt{D})$，D＝基本数，と書かれる.

$\mathfrak{O}$ の**イデアル**とは，部分群 $\mathfrak{a} \subset \mathfrak{O}$ で，$\mathfrak{O}\mathfrak{a}=\mathfrak{a}$ であるもの，すなわち

(3) $$\lambda \in \mathfrak{O},\ \alpha \in \mathfrak{a} \Longrightarrow \lambda\alpha \in \mathfrak{a}$$

をみたすものをいう.

われわれはイデアル $\mathfrak{a} \neq \{0\}$ のみを考える. それは $\mathfrak{O}$ の中で有限な指数をもつ; **ノルム** $N(\mathfrak{a})$ を $[\mathfrak{O}:\mathfrak{a}]$，すなわち有限群 $\mathfrak{O}/\mathfrak{a}$ の位数，と定義する. **判別式** $D(\mathfrak{a})$ は $\det\begin{pmatrix} \alpha & \beta \\ \alpha' & \beta' \end{pmatrix}^2$ ——α, β は $\mathfrak{a}$ の任意の基底——と定義される; そうすれば $D(\mathfrak{O})=D$，および

(4) $$D(\mathfrak{a}) = N(\mathfrak{a})^2 D$$

が成り立つ. このことは初等的な線形代数により示される. $\xi \in \mathfrak{O}$，$\xi \neq 0$，ならば

$$(\xi) = \{\lambda\xi \mid \lambda \in \mathfrak{O}\}$$

は明らかに1つのイデアルである. (ξ) を ξ により生成された**単項イデアル** (Hauptideal＝principal ideal＝主イデアル) とよぶ. α, β が $\mathfrak{O}$ の基底ならば，$\alpha\xi, \beta\xi$ は (ξ) に対する基底であり

$$D((\xi)) = \det\begin{pmatrix} \alpha\xi & \beta\xi \\ \alpha'\xi' & \beta'\xi' \end{pmatrix}^2 = (\xi\xi')^2(\alpha\beta' - \alpha'\beta)^2$$
$$= N(\xi)^2 D$$

が成り立つ. ゆえに (4) により

(5) $$N((\xi)) = |N(\xi)|.$$

$\mathfrak{a}, \mathfrak{b}$ を2つのイデアルとするとき**積イデアル** $\mathfrak{a}\mathfrak{b}$ は

$$\mathfrak{a}\mathfrak{b} = \left\{\sum_{i=1}^{r} a_i b_i \mid a_i \in \mathfrak{a},\, b_i \in \mathfrak{b},\, r \in \boldsymbol{N}\right\}$$

により定義される (すなわちすべての積 ab，$a \in \mathfrak{a}$，$b \in \mathfrak{b}$，を含む最小のイデアルである). そのとき

(6) $$N(\mathfrak{a}\mathfrak{b}) = N(\mathfrak{a})N(\mathfrak{b})$$

が成り立つ. イデアル $\mathfrak{a}$ とその**共役**

$$\mathfrak{a}' = \{x' \mid x \in \mathfrak{a}\}$$

94　第 II 部　2 次体とそのゼータ関数

に対して，関係

(7)
$$\mathfrak{a}\mathfrak{a}' = (N(\mathfrak{a}))$$

が成り立つ（すなわち $\mathfrak{a}, \mathfrak{a}'$ の積は $\mathfrak{a}$ のノルムにより生成された単項イデアルに等しい）.

　また，**分数イデアル**，すなわち，有限生成かつ (3) をみたす K（$\mathfrak{O}$ の代りに）の部分群，を考える必要がある．各分数イデアル $\mathfrak{a}$ に対して，自然数 n が存在し，$n\mathfrak{a}$ は**整イデアル**，すなわちはじめの意味でのイデアル，となる（$\mathfrak{a}$ の基底 α, β および自然数 n を $n\alpha \in \mathfrak{O}, n\beta \in \mathfrak{O}$ となるようにえらぶ）；そのとき $\mathfrak{a}$ の**ノルム**を

$$N(\mathfrak{a}) = \frac{1}{n^2}N(n\mathfrak{a}) \in \boldsymbol{Q}$$

によって定義する（それは n のとり方に依存しない）．判別式 $D(\mathfrak{a})$，共役 $\mathfrak{a}'$ および 2 つの分数イデアルの積は上と同様に定義され，関係 (4), (6) も同様に成り立つ．$\xi \in K$, $\xi \neq 0$, ならば $(\xi) = \{\lambda\xi \mid \lambda \in \mathfrak{O}\}$ はまた 1 つの分数イデアルであり (5) をみたす．以後，とくに整イデアルとことわらない限り，"イデアル" とは常に "分数イデアル"（$\neq \{0\}$）を意味するものとする.

　イデアルの乗法は数の乗法の拡張である．すなわち $\xi, \eta \in K$ ならば $(\xi)(\eta) = (\xi\eta)$ である．したがって，数 $\xi, \eta \in K$ に対して

$$\xi \mid \eta \quad (\text{すなわち } \xi^{-1}\eta \in \mathfrak{O})$$
$$\Longleftrightarrow (\eta) \subset (\xi)$$
$$\Longleftrightarrow \text{整イデアル } \mathfrak{c} \text{ が存在して } (\eta) = (\xi)\mathfrak{c}.$$

ゆえに，数の整除性の概念をイデアルに移行することができる．すなわちイデアル $\mathfrak{a}$ がイデアル $\mathfrak{b}$ を**割る**（記号で $\mathfrak{a} \mid \mathfrak{b}$）とは，ある整イデアル $\mathfrak{c}$ があって $\mathfrak{b} = \mathfrak{a}\mathfrak{c}$ が成り立つこと，と定義するのである．このことは，$\mathfrak{b} \subset \mathfrak{a}$ と同値である．数 $\xi \in K$ および分数イデアル $\mathfrak{a}$ に対して

(8)
$$\mathfrak{a} \mid (\xi) \Longleftrightarrow \xi \in \mathfrak{a}$$

が成り立つ．しばしば，ξ で生成された単項イデアル (ξ) の代りに ξ とかく．イデアルの意味は，各イデアルが素イデアルの積として一意的に表されるところにある．（**素イデアル**とは $\mathfrak{O}$ および自分自身によってのみ割り切れる整イデ

アルのことである.) 一方, K の数に対してはそのようなことは必ずしも成り立たない. たとえば体 $\boldsymbol{Q}(\sqrt{6})$ において数 10 は 2 通りの分解

(9) $$10 = (4+\sqrt{6})\cdot(4-\sqrt{6}) = 2\cdot 5$$

をもつ. ここで 4 つの因数 $4+\sqrt{6}, 4-\sqrt{6}, 2, 5$ はそれらが, x または y が**単数** (整数であってその逆もまた $\mathfrak{O}$ に属する) である場合をのぞいて, $x\cdot y$ $(x, y \in \mathfrak{O})$ の形には書かれない, という意味で**素**である. 素イデアルによる分解の一意性は, 2 つのイデアル $\mathfrak{a}$ と $\mathfrak{b}$ は常に最大公約数 $(\mathfrak{a}, \mathfrak{b})$ および最小公倍数 $[\mathfrak{a}, \mathfrak{b}]$ をもつことに起因する. すなわち

$$\mathfrak{c}\,|\,\mathfrak{a} \quad \text{かつ} \quad \mathfrak{c}\,|\,\mathfrak{b} \Longleftrightarrow \mathfrak{c}\,|\,\mathfrak{a}+\mathfrak{b}$$
$$(\text{ここで}\ \mathfrak{a}+\mathfrak{b}=\{a+b \,|\, a\in\mathfrak{a},\ b\in\mathfrak{b}\}),$$
$$\mathfrak{a}\,|\,\mathfrak{c} \quad \text{かつ} \quad \mathfrak{b}\,|\,\mathfrak{c} \Longleftrightarrow \mathfrak{a}\cap\mathfrak{b}\,|\,\mathfrak{c}.$$

よって $(\mathfrak{a}, \mathfrak{b})=\mathfrak{a}+\mathfrak{b}$, $[\mathfrak{a}, \mathfrak{b}]=\mathfrak{a}\cap\mathfrak{b}$ である. イデアルを導入する必然性はまた, 2 つの数 ξ, η の公倍数の集合 $(\xi)\cap(\eta)$ は明らかに 1 つのイデアルであるが, 一般には単項イデアルではない, ということにもみられる. たとえば (9) において

(10)
$$2 = \mathfrak{p}^2,$$
$$5 = \mathfrak{q}\mathfrak{q}',$$
$$4+\sqrt{6} = \mathfrak{p}\mathfrak{q},$$
$$4-\sqrt{6} = \mathfrak{p}\mathfrak{q}'$$

が成り立つ. ここで

(11)
$$\mathfrak{p} = (2, 4+\sqrt{6}) = \boldsymbol{Z}\cdot 2 + \boldsymbol{Z}\cdot\sqrt{6},$$
$$\mathfrak{q} = (5, 4+\sqrt{6}) = \boldsymbol{Z}\cdot 5 + \boldsymbol{Z}\cdot(4+\sqrt{6})$$

は素イデアルである. ゆえに $(5)\cap(4+\sqrt{6})=5\mathfrak{p}\neq$ 単項イデアル. 自然数がどのように素イデアルの積に分解する (たとえば, (10) において数 2 はある素イデアルの平方であり, 一方 5 はある素イデアルとその共役との積である) かという問題は, §11 で考察される. さてイデアルが 2 次形式とどう関わっているかを示そう. その前に定義を 1 つ与える.

定義 2 つの分数イデアル $\mathfrak{a}, \mathfrak{b}$ は, $\xi \in K$, $\xi\neq 0$, が存在して

(12) $$\mathfrak{a} = (\xi)\mathfrak{b}$$

96   第 II 部　2 次体とそのゼータ関数

であるとき，**同値である**といわれる．$\xi \in K$，$N(\xi) > 0$，が存在して (12) が成り立つとき，$\mathfrak{a}$ と $\mathfrak{b}$ は**狭い意味で同値である**といわれる．——

　言葉をかえれば，分数イデアルは乗法に関して群をなす（逆イデアルは常に存在する．何故ならば (7) により $\mathfrak{a}^{-1} = N(\mathfrak{a})^{-1}\mathfrak{a}'$ であるからである）．同値類（または狭義の同値類）はこの群の，単項イデアル（または狭義の単項イデアル，すなわち $N(\xi) > 0$ であるイデアル (ξ)）のつくる部分群による商群である．いくつかの体——たとえば $\boldsymbol{Q}(\sqrt{5})$，$\boldsymbol{Q}(\sqrt{-3})$——に対しては，各イデアル（同じく狭義のイデアル）は単項イデアルであり $\mathfrak{O}$ に同値である．このような体においてはイデアルを考えても数を考えても同じことであり，$\mathfrak{O}$ における素因数分解は一意的である．他の体においては——たとえば上述の $\boldsymbol{Q}(\sqrt{6})$——単項でないイデアルが存在し，実際一意的な素イデアル分解を得るが，素因数分解は一意的ではない．しかし，イデアルの同値類の個数は有限であることが示される．すなわち一意的素因数分解からの偏差はそう大きくはない．

　注意　$d < 0$ すなわち $K = \boldsymbol{Q}(\sqrt{d})$ が虚 2 次体ならば，$\xi \in K$ に対して，K における共役 ξ' は複素共役 $\bar{\xi}$ に等しい（$\sqrt{d}$ は純虚数であるから）．ゆえに $\xi \neq 0$ に対して $N(\xi) = \xi\xi' = \xi\bar{\xi} = |\xi|^2$ は自動的に正である．それゆえこの場合，2 つの同値概念は一致する．また $\boldsymbol{Q}(\sqrt{d})$ において同値なイデアルは常に狭義同値であるという正の d が存在する．しかし同様に，$\xi\xi' > 0$ をみたすような (ξ) として与えられない単項イデアルをもつような実 2 次体が存在する．この場合，イデアルの各同値類は，ちょうど 2 つの狭義の同値類に分解する．

　さてここでイデアルと形式の間の対応を考えよう．$\mathfrak{a}$ が（整または分数）イデアルならば $\xi \in \mathfrak{a}$ に対して $\mathfrak{a} \mid (\xi)$ であるから

(13)　　　　　　　　　$N(\mathfrak{a}) \mid N(\xi)$　　　$(\xi \in \mathfrak{a})$

である．すなわち，関数

$$\varphi : \mathfrak{a} \longrightarrow \boldsymbol{Q}, \qquad \varphi(\xi) = \frac{\xi\xi'}{N(\mathfrak{a})}$$

は $\boldsymbol{Z}$ に値をもつ．α, β を $\mathfrak{a}$ の基底とする；そのとき $\mathfrak{a} = \boldsymbol{Z}\alpha + \boldsymbol{Z}\beta \cong \boldsymbol{Z}^2$ であり φ を $\boldsymbol{Z}^2$ 上の関数 f

§10　2次形式と2次体　**97**

(14)
$$f(x, y) = \varphi(x\alpha + y\beta) = \frac{(x\alpha + y\beta)(x\alpha' + y\beta')}{N(\mathfrak{a})}$$

ととらえることができる. それは2元2次形式

(15)
$$f(x, y) = ax^2 + bxy + cy^2,$$
$$a = \frac{\alpha\alpha'}{N(\mathfrak{a})}, \qquad b = \frac{\alpha\beta' + \alpha'\beta}{N(\mathfrak{a})}, \qquad c = \frac{\beta\beta'}{N(\mathfrak{a})}$$

である. その判別式については, 公式 (4) により

$$b^2 - 4ac = \frac{(\alpha\beta' + \alpha'\beta)^2 - 4(\alpha\alpha')(\beta\beta')}{N(\mathfrak{a})^2} = \frac{(\alpha\beta' - \alpha'\beta)^2}{N(\mathfrak{a})^2}$$
$$= \frac{D(\mathfrak{a})}{N(\mathfrak{a})^2} = D$$

が得られる. さらに (13) より $a = N(\alpha)/N(\mathfrak{a})$ は整数であり同じく c も整数である. そのとき $b^2 - 4ac = D \in \mathbf{Z}$ より b もまた整数であることがわかる. したがって, f は判別式 D をもつ整係数2元2次形式である. $\mathfrak{a}$ の他の基底 (α_1, β_1) をえらぶとき, α_1, β_1 および α, β は整係数行列 $\begin{pmatrix} p & q \\ r & s \end{pmatrix}$, $ps - qr = \pm 1$, によって互いに移り合う. そして φ から, 基底 α_1, β_1 を用いて得られる形式 f_1 は, x, y を $px + qy$, $rx + qy$ でおきかえることにより (15) から得られる. §8 においてわれわれは形式の同値を行列式が $+1$ である行列によって定義したからわれわれの基底について適当な条件を付し, 基底変換にこのような行列のみが現れるようにしたい. $\mathfrak{a}$ の基底 α, β が**向きづけられている**とは $\dfrac{\alpha'\beta - \alpha\beta'}{\sqrt{D}} > 0$ であることをいう. $\left(\dfrac{\alpha'\beta - \alpha\beta'}{\sqrt{D}}\right)^2 = \dfrac{D(\mathfrak{a})}{D} = N(\mathfrak{a})^2$ は実数かつ正であるから, これは意味をもつ. そのとき, 向きづけられた基底の間の変換行列は常に行列式 $+1$ をもつ. (15) により定義された2元2次形式は, 向きづけられた基底 α, β のみを扱うとき, 同値 (§8 の意味で) をのぞいて $\mathfrak{a}$ にのみ依存して定まり, 基底のとり方によらない. $\mathfrak{a}$ を $(\lambda)\mathfrak{a}$ ――ここで $\lambda \in K$ かつ $N(\lambda) > 0$―― でおきかえるとき, $(\lambda\alpha, \lambda\beta)$ は $(\lambda)\mathfrak{a}$ に対する向きづけられた基底であり, $N((\lambda)\mathfrak{a}) = |N(\lambda)|N(\mathfrak{a}) = N(\lambda)N(\mathfrak{a})$ であるから, イデアル $(\lambda)\mathfrak{a}$ に対応する形式

$$(x, y) \longmapsto \frac{N(x\lambda\alpha + y\lambda\beta)}{N((\lambda)\mathfrak{a})} = \frac{N(\lambda)N(x\alpha + y\beta)}{N(\lambda)N(\mathfrak{a})}$$

98　第 II 部　2 次体とそのゼータ関数

$$= \frac{N(x\alpha + y\beta)}{N(\mathfrak{a})}$$

は f と等しい．ゆえに，**各狭義のイデアル類は，一意的に判別式 D の 2 元 2 次形式の同値類に対応する**（$D<0$ の場合は正定値形式）．

さて，この対応が 1 対 1 であることを示そう．

(16)
$$f(x, y) = ax^2 + bxy + cy^2,$$
$$a, b, c \in \mathbf{Z}, \qquad b^2 - 4ac = D$$

を判別式 D の 2 次形式（$D<0$ のときは正定値）とする．D は基本判別式であるから $(a, b, c) = 1$ である．まず $a>0$ と仮定する．

(17)
$$w = \frac{b + \sqrt{D}}{2a}, \qquad w' = \frac{b - \sqrt{D}}{2a}$$

を 2 次方程式 $aw^2 - bw + c = 0$ の解とし

(18)
$$\mathfrak{a} = \mathbf{Z} + \mathbf{Z}w$$

とおく．$\mathfrak{a}$ は分数イデアルである．実際，$\lambda = \dfrac{u + v\sqrt{D}}{2} \in \mathfrak{O}$（$u, v \in \mathbf{Z}, u \equiv vD$ (mod 2)），$a = x + yw \in \mathfrak{a}$ とすれば

$$\lambda a = \left(\frac{u + v\sqrt{D}}{2} \right)\left(x + \frac{yb + y\sqrt{D}}{2a} \right)$$
$$= \frac{xu}{2} + \frac{ybu}{4a} + \frac{yvD}{4a} + \left(\frac{xv}{2} + \frac{ybv}{4a} + \frac{uy}{4a} \right)\sqrt{D}$$
$$= \left(x\frac{u - vb}{2} - yvc \right) + \left(xva + y\frac{u + vb}{2} \right)w$$

であり，それは $\mathbf{Z} + \mathbf{Z}w$ に属する（$b^2 \equiv D \pmod{4a} \Rightarrow b \equiv D \pmod 2 \Rightarrow u \equiv vD \equiv vb \pmod 2$）．$\dfrac{w - w'}{\sqrt{D}} > 0$ により基底 $1, w$ は向きづけられている．$\mathfrak{a}$ の判別式は

$$D(\mathfrak{a}) = \det\begin{pmatrix} 1 & w \\ 1 & w' \end{pmatrix}^2 = (w - w')^2 = D/a^2$$

であり，(4) より

$$N(\mathfrak{a}) = \frac{1}{a}$$

が得られる．$\mathfrak{a}$ に対応する 2 次形式 (15) はしたがって

§10 2次形式と2次体 **99**

$$(x, y) \longmapsto \frac{N(x+yw)}{N(\mathfrak{a})} = \frac{x^2 + \dfrac{b}{a}xy + \dfrac{c}{a}y^2}{\dfrac{1}{a}} = f(x, y)$$

により与えられる. これで f を対応する2次形式とするイデアルが構成された. 逆に $\mathfrak{a}$ が向きづけられた基底 $\alpha, \beta, \alpha\alpha' > 0$, をもつイデアルならば (15) におけるような a, b, c により

$$\frac{b+\sqrt{D}}{2a} = \frac{\alpha\beta' + \alpha'\beta + N(\mathfrak{a})\sqrt{D}}{2\alpha\alpha'}$$

$$= \frac{\alpha\beta' + \alpha'\beta + (\alpha'\beta - \alpha\beta')}{2\alpha\alpha'} = \frac{\beta}{\alpha}$$

であり, したがって $\mathbf{Z} + \mathbf{Z}\dfrac{b+\sqrt{D}}{2a} = \mathbf{Z} + \mathbf{Z}\dfrac{\beta}{\alpha} = (\alpha^{-1})\mathfrak{a}$ は $\mathfrak{a}$ に狭義同値である.

$a < 0$ をもつ形式 (そのとき仮定により $D > 0$ でなければならない) に対しては (18) の代りにイデアル $\mathbf{Z}\lambda + \mathbf{Z}\lambda w$ ——$\lambda \in \mathbf{Q}(\sqrt{D})$ は負のノルムをもつ数 (たとえば $\lambda = \sqrt{D}$)——を採用しなければならない. そのとき $\lambda, \lambda w$ は向きづけられた基底であり, このイデアルに対応する形式はふたたび f となる. 逆に向きづけられた基底 $\alpha, \beta, \alpha\alpha' < 0$, をもつ各イデアルは $a < 0$ をもつ形式 (16) ——それに対し, イデアル $\mathbf{Z}\lambda + \mathbf{Z}\lambda w$ は $\mathfrak{a}$ に狭義同値である——を生ずる. こうして次の定理が証明された.

定理 $D \neq 1$ を基本判別式とし, $K = \mathbf{Q}(\sqrt{D})$ とする. そのとき, 判別式 D の2元2次形式 ($D < 0$ の場合は正定値) の同値類と K のイデアル の狭義の同値類の間に1対1対応が存在する. この対応はイデアル $\mathbf{Z}\alpha + \mathbf{Z}\beta \left(\dfrac{\alpha'\beta - \alpha\beta'}{\sqrt{D}} > 0\right)$ を形式 (15) に, 形式 $ax^2 + bxy + cy^2$ を (分数) イデアル $\mathbf{Z}\lambda + \mathbf{Z}\dfrac{b+\sqrt{D}}{2a}\lambda$ に対応づける. ここに $\lambda \in K$ は $N(\lambda)$ が a と同符号であるようにえらばれている. こうしてイデアルの狭義の同値類の個数は, §8 で定義された類数 $h(D)$ に等しい. とくにそれは有限である.

100　第 II 部　2 次体とそのゼータ関数

問 題

1. 本文中の主張 (4), (6), (7) を証明せよ.

2. (10) および (11)（すなわち，イデアル $(2, 4+\sqrt{6})$ または $(5, 4+\sqrt{6})$ がそれぞれそこで与えられた基底をもつこと），さらに $\mathfrak{p}, \mathfrak{q}$ は素イデアルで $\mathfrak{q} \neq \mathfrak{q}'$ であることを証明せよ.（**ヒント**：ノルムが素数であるイデアルは素である. 何故か?)

3. 2 つの向きづけられた基底の変換行列は，行列式 $+1$ をもつことを示せ.

4. K のイデアルの同値類（狭義ではない）と判別式 D をもつ 2 次形式の広義（(8.14) をみよ）の同値類の間には 1 対 1 対応が存在することを示せ.

5. a)　$D \equiv 0$ または $\equiv 1 \pmod 4$ で D は平方数ではないとする. そのような D に対して

$$\mathfrak{O}_D = \left\{ \frac{a+b\sqrt{D}}{2} \;\middle|\; a, b \in \mathbf{Z}, \; a \equiv bD \pmod 2 \right\}$$

とおく. 基本判別式 D_0 および $r \geq 1$ により $D = D_0 r^2$ と書けば，$\mathfrak{O}_D$ は 2 次体 $K = \mathbf{Q}(\sqrt{D})$ の全整数環 $\mathfrak{O} = \mathfrak{O}_{D_0}$ の，指数 r の部分環である. $\mathfrak{O}_D$ におけるイデアル，単項イデアル，同値等の類似の定義の下で，$\mathfrak{O}_D$ イデアルの狭義の同値類と，判別式 D の 2 次形式（$D<0$ の場合には正定値）の（狭義の）同値類の間に，1 対 1 対応が存在する.

b)　K を判別式 D_0 の 2 次体とする. **加群** $M \subset K$（すなわち，位数 2 の部分群）のおのおのに対して，**乗法子**

$$\mathfrak{O}(M) = \{ x \in K \mid xM \subseteq M \}$$

は，適当な $D = D_0 r^2$ に対して a) で定義された環 $\mathfrak{O}_D$ に等しい. 狭義同値な加群（すなわち，M および ξM, $\xi \in K$, $N(\xi) > 0$）は同じ乗法子をもつ. そして $\mathfrak{O}(M) = \mathfrak{O}_D$ である加群 M の同値類と，判別式 D の**原始的** 2 次形式（$D<0$ の場合には正定値）の同値類の間に 1 対 1 対応が存在する.

注意　この対応を用いて §8, 問題 8 d) において解析的な方法で証明された関係，$h(D) = \dfrac{\gamma_{D_0}(r)}{\nu_r} h(D_0)$ の純代数的証明を与えることができる. そのために，$M \mapsto \mathfrak{O}M$（$\mathfrak{O} = \mathfrak{O}_{D_0}$ は K の全整数環）により，写像

§11 2次体のゼータ関数 **101**

$$\{乗法子\ \mathfrak{O}_D\ をもつ加群\} \longrightarrow \{(分数)\ \mathfrak{O}\ イデアル\},$$

$$\{単項加群\ \xi\mathfrak{O}_D,\ \xi \in K^*\} \longrightarrow \{単項イデアル\ \xi\mathfrak{O},\ \xi \in K^*\}$$

を定義する. それは上への写像で, 核はそれぞれ位数 $[(\mathfrak{O}/r\mathfrak{O})^* : (\mathfrak{O}_D/r\mathfrak{O})^*]$ および $[\mathfrak{O}^* : \mathfrak{O}_D^*]$ をもつ. ここで R^* は環 R の可逆元のつくる群を示す. (証明のスケッチは, この章の終りに挙げた Borewicz, Šafarevič の本の Chap. II, §7, 問題 6-11 に与えられている.) そして, $[\mathfrak{O}^* : \mathfrak{O}_D^*] = \nu_r$ および

$$[(\mathfrak{O}/r\mathfrak{O})^* : (\mathfrak{O}_D/r\mathfrak{O})^*] = \frac{|(\mathfrak{O}/r\mathfrak{O})^*|}{|(\mathbf{Z}/r\mathbf{Z})^*|} = \gamma_{D_0}(r)$$

である. (§11, 問題2をみよ.)

■

§11 2次体のゼータ関数

リーマンのゼータ関数の意味は, 公式

$$(1) \qquad \sum_{n=1}^{\infty} \frac{1}{n^s} = \prod_p (1-p^{-s})^{-1} \qquad (\sigma > 1)$$

に現れている. それは, 各自然数が一意的に素数の積として表されるという事実の解析的な表現である. 2次体 $K = \mathbf{Q}(\sqrt{d})$ に対しては, そのようなことは数に対しては成り立たないが, イデアルに対しては成り立つことを知っている. よって体 K に対して, ディリクレ級数

$$(2) \qquad \zeta_K(s) = \sum{}^* \frac{1}{N(\mathfrak{a})^s} \qquad (\sum{}^*: 整イデアル\ \mathfrak{a} \neq (0))$$

を対応づけることは極めて自然である. ここで和は体 K のすべての整イデアル $\mathfrak{a} \neq (0)$ にわたる (この級数が空でない収束域をもつかどうかは一見してわかる). 関数 (2) を**デデキントのゼータ関数**とよぶ. それは任意の数体に対して定義され, リーマンのゼータ関数 ($K = \mathbf{Q}$ の場合のデデキントのゼータ関数) と共通する多くの性質をもつ. すなわち収束軸は $\sigma_0 = 1$ であること, $s = 1$ における1位の極はただ1つの特異点であること, $s \to 1-s$ に関する関数等式が成り立つこと, $s = 0, -1, -2, \cdots$ に対して有理数値をもつことなど. また (1) と同様の証明により, 素イデアル分解の一意性を用いて, 両辺が絶対収束

102　第 II 部　2 次体とそのゼータ関数

する場合にオイラー積表示

(3)　　　　$\zeta_K(s) = \prod{}^{*}(1-N(\mathfrak{p})^{-s})^{-1}$　　（$\prod{}^{*}$：素イデアル $\mathfrak{p}$）

を導くことができる（積はすべての素イデアル $\mathfrak{p}$ にわたる）.

　さて，実際 $\sigma > 1$ に対してそうであることを示そう. 各素イデアルは素数 p を割る（何故ならば，$\mathfrak{p}$ は自然数 $N(\mathfrak{p})$ を割り，$\mathfrak{p}$ は素であるから $N(\mathfrak{p})$ の素因数を割らなければならない）. そのとき $\mathfrak{p}|p$ より

$$N(\mathfrak{p}) \mid N((p)) = pp' = p^2$$

である. よって $N(\mathfrak{p})=p$ または p^2 である（$N(\mathfrak{p})=1$ は明らかに除外される）.

$$p = \mathfrak{p}_1 \cdots \mathfrak{p}_r$$

を p の（すなわち単項イデアル (p) の）$\mathfrak{O}$ における素イデアル分解とすれば

$$p^2 = N(p) = N(\mathfrak{p}_1) \cdots N(\mathfrak{p}_r)$$

である. それゆえ $r \leq 2$ で，2 つの可能性がある：$\mathfrak{p}_1, \mathfrak{p}_2$ は素，$N(\mathfrak{p}_i)=p$ で $p=\mathfrak{p}_1\mathfrak{p}_2$ であるか，または $N(\mathfrak{p})=p^2$ で $p=\mathfrak{p}$ であるかである. よって

$\prod{}^{*}(1-N(\mathfrak{p})^{-s})^{-1} = (1-p^{-s})^{-1}$ または $(1-p^{-s})^{-2}$ または $(1-p^{-2s})^{-1}$

　　　　　　　　　　　　　　　　　　　（$\prod{}^{*}$：素イデアル $\mathfrak{p}|p$）

ゆえに

$$\prod{}^{*}|1-N(\mathfrak{p})^{-s}|^{-1} \leqq (1-p^{-\sigma})^{-2}$$

であり $\prod_{\mathfrak{p}}(1-N(\mathfrak{p})^{-s})^{-1}$ の絶対値は $\zeta(\sigma)^2$ により上からおさえられる. そして $\zeta(\sigma)$ は $\sigma > 1$ に対して有限である：積 (3) および和 (2) はそれゆえ $\sigma > 1$ に対して絶対収束する.

　(2) をまた

$$\zeta_K(s) = \sum_{n=1}^{\infty} \frac{F(n)}{n^s},$$

$$F(n) = \#\{\mathfrak{a} \mid \mathfrak{a}：整イデアル，N(\mathfrak{a})=n\}$$

とかくことができる. よって $\zeta_K(s)$ は，通常ディリクレ級数であり，その係数は，ノルムが与えられた数に等しいような整イデアルの個数である. われわれは，**数 $F(n)$ は判別式が D である 2 次形式による n の非同値な表現数 $R(n)$ に等しい**，と主張する. 実際，$A_1, \cdots, A_h$ $(h=h(D))$ をイデアルの狭義の同値類とし，各 i に対し

$$\zeta(A_i, s) = \sum{}^* \frac{1}{N(\mathfrak{a})^s} \qquad (\sum{}^* : \text{整イデアル } \mathfrak{a} \in A_i)$$

を**イデアル類** A_i **のゼータ関数**とする. そのとき, 明らかに

$$\zeta_K(s) = \sum_{i=1}^{h(D)} \zeta(A_i, s)$$

および

$$\zeta(A_i, s) = \sum_{n=1}^{\infty} \frac{F_i(n)}{n^s},$$

$$F_i(n) = \#\{\mathfrak{a} \in A_i \mid \mathfrak{a} : \text{整イデアル}, N(\mathfrak{a}) = n\}$$

が成り立つ. われわれは, $F_i(n)$ が §10 で構成された対応のもとで, イデアル類 A_i に対応する形式 f_i による n の表現数 $R(n, f_i)$ に等しい, と主張する. これから $R(n) = \sum_{i=1}^{h} R(n, f_i)$ および $F(n) = \sum_{i=1}^{h} F_i(n)$ により, はじめのわれわれの主張が証明される.

あらかじめ注意を 1 つ与えておく. (10.7) により, イデアル類 A の元の逆がつくるイデアル類 A^{-1} は, A の元の共役のつくるイデアル類 A' に等しい. ゆえに

$$\zeta(A^{-1}, s) = \zeta(A', s) = \sum{}^* \frac{1}{N(\mathfrak{a})^s} \qquad (\sum{}^* : \text{整イデアル } \mathfrak{a} \in A')$$

$$= \sum{}^* \frac{1}{N(\mathfrak{a}')^s} \qquad (\sum{}^* : \text{整イデアル } \mathfrak{a} \in A)$$

$$= \zeta(A, s)$$

(最後は $N(\mathfrak{a}) = N(\mathfrak{a}')$ による) が成り立つ. さて, $\mathfrak{a}$ を 1 つのイデアル, A をそのイデアル類, f を対応する 2 次形式とする. $\mathfrak{b} \in A^{-1}$ に対して $\mathfrak{ab}$ は狭義の単項イデアルであるから $\mathfrak{ab} = (\xi)$, $N(\xi) > 0$, と書かれる. 逆に $\xi \in K$, $N(\xi) > 0$, に対して分数イデアル $\mathfrak{b} = (\xi)\mathfrak{a}^{-1}$ は A^{-1} に属する. イデアル $\mathfrak{b}$ は $\mathfrak{a} \mid \xi$ であるとき, すなわち $\xi \in \mathfrak{a}$ であるときに限り整イデアルである. それゆえ写像

(4) $$\{\xi \in \mathfrak{a} \mid N(\xi) > 0\} \longrightarrow \{\mathfrak{b} \in A^{-1} \mid \mathfrak{b} : \text{整イデアル}\}$$

$$\xi \longmapsto (\xi)\mathfrak{a}^{-1}$$

が定義され (well-defined), かつ全射である. その核は何か? 2 つの元 ξ, ξ_1 は, $\xi_1 \mid \xi$ かつ $\xi \mid \xi_1$ であるとき, したがって $\varepsilon \in \mathfrak{O}$ により $\xi_1 = \varepsilon\xi$ で $\varepsilon^{-1} \in \mathfrak{O}$,

104 第 II 部　2次体とそのゼータ関数

$N(\varepsilon)=N(\xi_1)/N(\xi)>0$ となるとき，かつそのときに限り同じ像をもつ．よって (4) は全単射

(5)　　　　　　$\{\xi \in \mathfrak{a} \mid N(\xi)>0\}/U_+ \overset{\sim}{\longrightarrow} \{\mathfrak{b} \in A^{-1} \mid \mathfrak{b}:整イデアル\}$

を与える．ここで

$$U_+ = \{\varepsilon \in \mathfrak{O} \mid \varepsilon^{-1} \in \mathfrak{O}, \ N(\varepsilon)=1\}$$

はノルムが正の単数の群であり，全単数群

$$U = \{\varepsilon \in \mathfrak{O} \mid \varepsilon^{-1} \in \mathfrak{O}\}$$

において指数 1 または 2 をもつ．対応 (5) のもとで

$$N(\mathfrak{b}) = N((\xi)\mathfrak{a}^{-1}) = N(\xi)N(\mathfrak{a})^{-1}$$

である．したがって

$$
\begin{aligned}
\zeta(A, s) &= \zeta(A^{-1}, s) \\
&= \sideset{}{^*}\sum \frac{1}{N(\mathfrak{b})^s} \qquad (\textstyle\sum^* : 整イデアル \, \mathfrak{b} \in A^{-1}) \\
&= \sideset{}{^*}\sum \frac{N(\mathfrak{a})^s}{N(\xi)^s} \qquad (\textstyle\sum^* : \xi \in \mathfrak{a}/U_+, \ N(\xi)>0)
\end{aligned}
$$

が成り立つ．ゆえに (10.14) より

(6)　　　　　　　　　　$\displaystyle \zeta(A, s) = \sideset{}{^*}\sum_{(x,y)} \frac{1}{f(x, y)^s}$

$$(\textstyle\sum^* : (x, y) \in \boldsymbol{Z}^2/U_+, \ f(x, y)>0).$$

ここで，われわれは向きづけられた基底をえらんで，$\mathfrak{a}$ を $\boldsymbol{Z}^2$ と同一視した．U_+ から $\boldsymbol{Z}^2$ の上へ誘導された作用は，ちょうど §8 において $f(x, y)=n$ $(n \in \boldsymbol{N})$ の 2 つの解を同値であるとみなしたときのものである．ゆえに (6) の右辺は

$$\sum_{n=1}^{\infty} \frac{R(n, f)}{n^s}$$

に等しい．これでわれわれの主張は証明された．

　さて，K のゼータ関数に対して，基本的な表現を与えよう．(3) により，素数 p のおのおのに対し，オイラー積展開の因子 $\prod^* (1-N(\mathfrak{p})^{-s})^{-1}$ $(\prod^* : \mathfrak{p} \mid p)$ を知れば十分である．したがって，素数 p がどのように素イデアルの積に分

解するか，を研究しなければならない．

われわれはすでに，基本的に 2 つの場合——$\mathbf{Z}$ における素イデアル $p\mathbf{Z}$ は $\mathfrak{O}$ においても素イデアルである，すなわち

$$p = \mathfrak{p}, \qquad N(\mathfrak{p}) = p^2$$

(かかる素数 p を**惰性的である**という) であるか，または

$$p = \mathfrak{p}_1\mathfrak{p}_2 \qquad N(\mathfrak{p}_1) = N(\mathfrak{p}_2) = p$$

の形に分解するか——のみ起ることを示した．この最後の場合はさらに 2 つの場合に分けられる；$\mathfrak{p}_1 = \mathfrak{p}_2$ でしたがって

$$p = \mathfrak{p}^2, \qquad N(\mathfrak{p}) = p$$

(このような素数は**分岐する**という) であるか，$\mathfrak{p}_1 \neq \mathfrak{p}_2$ (このような p は**分解する**という) であるかである．どちらの場合も $\mathfrak{p}_2 = \mathfrak{p}_1{}'$ (これは一般的な関係 $\mathfrak{a}' = N(\mathfrak{a})\mathfrak{a}^{-1}$ よりわかる) である．3 つの場合のどれが起るかは，$\chi_D(p)$ の値にかかっている．ここで D は K の判別式であり χ_D は §5 で定義した原始指標である．

定理 1 K を 2 次体とし，p を有理素数とする．そのとき，p の，K の全整数環 $\mathfrak{O}$ における分解は次により与えられる：

(7) $$p = \mathfrak{p}\mathfrak{p}', \; \mathfrak{p} \neq \mathfrak{p}' \Longleftrightarrow \chi_D(p) = 1,$$

(8) $$p = \mathfrak{p}^2 \Longleftrightarrow \chi_D(p) = 0,$$

(9) $$p = \mathfrak{p} \Longleftrightarrow \chi_D(p) = -1.$$

系 K のゼータ関数は

(10) $$\zeta_K(s) = \zeta(s)L(s, \chi_D)$$

と分解される．自然数 n の，$\mathfrak{O}$ のイデアルのノルムとしての表現の個数は

(11) $$F(n) = \sum_{m|n} \chi_D(m)$$

により与えられる．

証明 $p \neq 2$ とする．($p = 2$ の場合は問題 1 をみよ．) そのとき $\chi_D(p)$ はルジャンドル記号 $\left(\dfrac{D}{p}\right)$ に等しい．

まず p を分岐素数とする；すなわち $p = \mathfrak{p}^2$，$\mathfrak{p} = \mathfrak{p}'$，$N(\mathfrak{p}) = p$．$\mathfrak{p}^2 \neq \mathfrak{p}$ であるから $\mathfrak{p}$ では割り切れるが，$\mathfrak{p}^2$ では割り切れない整数 $x = \dfrac{a + b\sqrt{D}}{2}$ が存在する．

106　第 II 部　2 次体とそのゼータ関数

そのとき x' は $\mathfrak{p}'=\mathfrak{p}$ で割り切れる．したがって $a=x+x'$，および $b\sqrt{D}=x-x'$ も $\mathfrak{p}'=\mathfrak{p}$ で割り切れる．しかし

$$\mathfrak{p}\,|\,a \Longrightarrow p = \mathfrak{p}^2\,|\,a^2 \Longrightarrow p\,|\,a$$

および

$$\mathfrak{p}\,|\,b\sqrt{D} \Longrightarrow p = \mathfrak{p}^2\,|\,(b\sqrt{D})^2 = b^2 D$$
$$\Longrightarrow p\,|\,b\ \text{または}\ p\,|\,D$$

が成り立つ．p は a および b を割ることは出来ない（さもなければ x は $p=\mathfrak{p}^2$ で割り切れることになる）から，$p\,|\,D$ である．すなわち $\chi_D(p)=0$．

逆に p が判別式の素因子ならば p は分岐する：D または $\dfrac{D}{4}$ は平方因子を含まないから $p^2 \nmid D$ が成り立つ．すなわち $D=pD_1$，$p \nmid D_1$．そのとき

$$(\sqrt{D})^2 = (D) = (p)(D_1)$$

および $(p, D_1)=1$ より，イデアル (p) および (D_1) はともに平方であることがわかる．これで (8) は証明された．

さて p は分解するとする；$p=\mathfrak{p}\mathfrak{p}'$，$\mathfrak{p}'\neq\mathfrak{p}$．上に証明したことから p は判別式を割らない．$N(\mathfrak{p})=p$ は素であるから $\mathfrak{O}$ の，体 K のイデアル $\mathfrak{p}$ による商環 $R=\mathfrak{O}/\mathfrak{p}$ は位数 p をもち，R の可逆元の群 $R^\times$ は位数 $p-1$ をもつ．よって各 $x\in R$，$x\neq 0$，に対して $x^{p-1}=1$ が成り立つ．すなわち

$$x\in\mathfrak{O},\ \mathfrak{p}\nmid x \Longrightarrow x^{p-1} \equiv 1 \pmod{\mathfrak{p}}$$

（フェルマの小定理の類似）．$p\nmid D$ であり，したがって $\mathfrak{p}\nmid\sqrt{D}$ が成り立つから，この公式を $x=\sqrt{D}$ に応用することができる．そうすれば

$$D^{\frac{p-1}{2}} = (\sqrt{D})^{p-1} \equiv 1 \pmod{\mathfrak{p}}$$

が得られる．$a\in\boldsymbol{Z}$ に対して，$\mathfrak{p}\,|\,a$ は $p\,|\,a$ と同値である（$\mathfrak{p}\,|\,a \Rightarrow p=N(\mathfrak{p})\,|\,N(a)=a^2 \Rightarrow p\,|\,a$）．ゆえにまた

$$D^{\frac{p-1}{2}} \equiv 1 \pmod{p}$$

が成り立つ．それはよく知られた判定基準により $\left(\dfrac{D}{p}\right)=1$ と同値である．

逆に p を $\left(\dfrac{D}{p}\right)=1$ である素数とすれば，$x^2\equiv D \pmod{p}$ をみたす $x\in\boldsymbol{Z}$ が

存在する. $x-\sqrt{D}$ が p で割り切れるならば p はまたその共役 $x+\sqrt{D}$ を, したがってこれら2数の差 $2\sqrt{D}$ をも割り切らなければならない. しかしそれは, p のとり方 ($p\neq 2$, $p\nmid D$) に矛盾する. ゆえに $p\nmid(x-\sqrt{D})$ であり, また $p\nmid(x+\sqrt{D})$ である. 他方, 積 $(x-\sqrt{D})(x+\sqrt{D})=x^2-D$ は仮定により p で割り切れる. よって p は少なくとも2つの素イデアル因子を含まなければならない. しかしすでに見たように $p=\mathfrak{p}^2\Rightarrow\chi_D(p)=0$ であるから, p が分解する可能性しか残っていない. これで (7) は証明された.

p の素イデアル分解については $\chi_D(p)$ の値と同様, ちょうどそれぞれ3つの場合があるから (9) は (7) および (8) からの帰結である. これで定理1 ($p\neq 2$ に対して) は証明された. ——

さて, 定理の系は容易に証明される. §2で与えたディリクレ級数の乗法規則により (10) と (11) は同値である. $F(n)$ および $\sum_{m|n}\chi_D(m)$ はともに乗法的であるから (11) を素数べき $n=p^k$ に対してのみ証明すればよい. そのとき3つの場合がある.

i) $\chi_D(p)=1$ ならば $p=\mathfrak{p}\mathfrak{p}'$, $\mathfrak{p}'\neq\mathfrak{p}$, $N(\mathfrak{p})=N(\mathfrak{p}')=p$ であり
$$p^k = N(\mathfrak{p}^k) = N(\mathfrak{p}^{k-1}\mathfrak{p}') = N(\mathfrak{p}^{k-2}\mathfrak{p}'^2)$$
$$= \cdots = N(\mathfrak{p}'^k)$$
はちょうど $k+1$ 通りの異なる, ノルムとしての表現である. ゆえに
$$F(p^k) = k+1 = \underbrace{1+1+\cdots+1}_{k+1}$$
$$= \sum_{i=0}^{k}\chi_D(p^i).$$

ii) $\chi_D(p)=0$ ならば $p=\mathfrak{p}^2$, $N(\mathfrak{p})=p$ で, $p^k=N(\mathfrak{p}^k)$ はただ1つのノルムとしての表現をもつ. ゆえに
$$F(p^k) = 1 = \underbrace{1+0+\cdots+0}_{k+1} = \sum_{i=0}^{k}\chi_D(p^i).$$

iii) $\chi_D(p)=-1$ ならば $p=\mathfrak{p}$, $N(\mathfrak{p})=p^2$ であり $p^{2k}=N(\mathfrak{p}^k)$. 一方 p^{2k+1} はノルムではない. ゆえに

$$F(p^k) = \begin{cases} 1 & (k: \text{偶数}) \\ 0 & (k: \text{奇数}) \end{cases} = \underbrace{1-1+\cdots\pm 1}_{k+1}$$
$$= \sum_{i=0}^{k} \chi_D(p^i).$$

これで (11) はすべての 3 つの場合に証明された. ――

われわれはまた (10) を, 両辺のオイラー積展開を用いて直接に証明することができる. 上のように ($\zeta_K(s)$ が $\sigma>1$ に対して収束することを証明したときのように)

$$\zeta_K(s) = \prod (1-N(\mathfrak{p})^{-s})^{-1} = \prod_p \left(\prod{}^* \frac{1}{1-N(\mathfrak{p})^{-s}} \right)$$
$$(\prod{}^* : \mathfrak{p}|p)$$

と書く. ここで $\mathfrak{p}$ は $\mathfrak{O}$ のすべての素イデアルを, p はすべての有理素数をうごく. 定理 1 により

$$\chi_D(p) = 1 \Longrightarrow p = \mathfrak{p}\mathfrak{p}', \ \mathfrak{p} \neq \mathfrak{p}', \ N(\mathfrak{p}) = N(\mathfrak{p}') = p$$
$$\Longrightarrow \prod{}^* \frac{1}{1-N(\mathfrak{p})^{-s}} = \frac{1}{(1-p^{-s})^2},$$
$$(\prod{}^* : \mathfrak{p}|p)$$

$$\chi_D(p) = 0 \Longrightarrow p = \mathfrak{p}^2, \ N(\mathfrak{p}) = p$$
$$\Longrightarrow \prod{}^* \frac{1}{1-N(\mathfrak{p})^{-s}} = \frac{1}{1-p^{-s}},$$
$$(\prod{}^* : \mathfrak{p}|p)$$

$$\chi_D(p) = -1 \Longrightarrow p = \mathfrak{p}, \ N(\mathfrak{p}) = p^2$$
$$\Longrightarrow \prod{}^* \frac{1}{1-N(\mathfrak{p})^{-s}} = \frac{1}{1-p^{-2s}},$$
$$(\prod{}^* : \mathfrak{p}|p)$$

が成り立つ. ゆえに 3 つのどの場合に対しても

$$\prod{}^* \frac{1}{1-N(\mathfrak{p})^{-s}} = \frac{1}{1-p^{-s}} \cdot \frac{1}{1-\chi_D(p)\,p^{-s}}$$
$$(\prod{}^* : \mathfrak{p}|p)$$

である. この等式をすべての有理素数 p に対して乗ずれば (10) が得られる.

この節のはじめに, 判別式 D の形式による n の表現の全個数 $R(n)$ はディ

リクレ級数 $\zeta_K(s)$ の n 番目の係数 $F(n)$ に等しいことを証明したから，系より公式

$$(12) \qquad R(n) = \sum_{m|n} \chi_D(m)$$

が得られるが，それは §8 において定理3として証明された．（逆に (12) から定理1を導くことができる．）§8 において，類数公式

$$(13) \qquad h(D) = \frac{1}{\varkappa} L(1, \chi_D),$$

$$(14) \qquad \varkappa = \begin{cases} \dfrac{1}{w} \dfrac{2\pi}{\sqrt{|D|}} & D<0, \\[2ex] \dfrac{\log \varepsilon_0}{\sqrt{D}} & D>0 \end{cases}$$

（w は単数群 U の位数，ε_0 は基本単数）が，(12) からどのように導かれるかを示した．そこでは数 $R(n)$ の平均値が $L(1, \chi_D)$ に等しいことを (12) から導き，一方，幾何学的な方法によって，判別式 D の各形式 f に対する数 $R(n, f)$ の平均値が $\varkappa$ に等しいことを直接に示したのであった．しかしながら，定理1の系より，2次形式の理論を応用することなく，(13) を導くことができるのである．何故ならば，(10) および §4, §6 で証明されたゼータ関数や L 級数の性質より，$\sigma>1$ に対して (2) により定義された関数 $\zeta_K(s)$ は全複素平面に，有理型に接続されることが示され，ただ1つの特異点 $s=1$ において，留数 $L(1, \chi_D)$ の1位の極をもち，しかもそれは $h(D)$ 個の関数 $\zeta(A, s)$——A は $\mathfrak{O}$ の異なるイデアル類(狭義)をうごく——の和であるからである．関係 (13) はそのとき，次の定理から容易に導かれる．

定理2 K を判別式 D の2次体，A を K の (狭義の) イデアル類とする．そのとき $\sigma>1$ に対して

$$(15) \qquad \zeta(A, s) = \sum{}^{*} \frac{1}{N(\mathfrak{a})^s} \qquad (\textstyle\sum^{*}: \text{整イデアル } \mathfrak{a} \in A, \mathfrak{a} \neq (0))$$

により定義された A のゼータ関数は，ただ1つの特異点 $s=1$ で1位の極をもつ有理型関数として，半平面 $\sigma>\dfrac{1}{2}$ に接続される．そして

$$(16) \qquad \operatorname*{Res}_{s=1} \zeta(A, s) = \varkappa$$

が成り立つ．ここで $\varkappa$ は (14) で定義された数であり，それは K には依存する

110　第II部　2次体とそのゼータ関数

がイデアル類 A には依存しない数である.──

類数公式 (13) のこの証明を §8 における証明と比較するとき, ディリクレ級数 $\sum a_n n^{-s}$ の点 $s=1$ における留数を, 係数の平均値 $\lim_{N\to\infty}\frac{1}{N}(a_1+\cdots+a_N)$ の代りに用いているにせよ, 両者の基本的なアイデアは同じであることがわかる. われわれの考察の対象であったディリクレ級数に対してはこれらの値は等しいのである (問題3参照). また, $\zeta(A,s)-\dfrac{\chi}{s-1}$ は実際全複素平面に正則に接続されることに注意する. 定理2では半平面 $\sigma>\dfrac{1}{2}$ への接続のみを主張したが, それはすでに証明されたことから容易に示される. (問題4)

さて
$$C = \{K\text{ の分数イデアル}\}/\{\text{単項イデアル}\}$$
を K のイデアル類群 (狭義) とする; これは位数 $|C|=h=h(D)$ の有限群である. K の**イデアル類指標**とは, §5 の意味での C 上の指標のことである. あるいは同じことであるが, K の (分数) イデアル上定義された複素数値関数 χ であって次の性質をもつものである:

a)　すべてのイデアル $\mathfrak{a}, \mathfrak{b}$ に対し
$$\chi(\mathfrak{a}\mathfrak{b}) = \chi(\mathfrak{a})\chi(\mathfrak{b}),$$

b)　$\alpha \in K,\ N(\alpha)>0$ に対し
$$\chi((\alpha))=1.$$

このような指標を係数とする L 級数
$$L_K(s,\chi) = \sum\nolimits^* \frac{\chi(\mathfrak{a})}{N(\mathfrak{a})^s}\qquad (\sum\nolimits^*:\text{整イデアル } \mathfrak{a}\neq(0))$$
をつくる. ここで (2) のように和は K のすべての整イデアル $\mathfrak{a}\neq(0)$ にわたる. 乗法性 a) によりこの L 級数は, オイラー積展開
$$L_K(s,\chi) = \prod\nolimits^*\left(1-\frac{\chi(\mathfrak{p})}{N(\mathfrak{p})^s}\right)^{-1}\qquad (\prod\nolimits^*:\text{素イデアル } \mathfrak{p})$$
をもつ. 他方

$$(17)\qquad L_K(s,\chi) = \sum_{A\in C}\sum\nolimits^* \frac{\chi(\mathfrak{a})}{N(\mathfrak{a})^s}\qquad (\sum\nolimits^*:\text{整イデアル } \mathfrak{a}\in A)$$

$$= \sum_{A \in C} \chi(A)\zeta(A, s)$$

であり，指標の直交性（§5，定理3の系の，一般有限アーベル群の指標への一般化，証明は読者に委ねる）より逆に

(18)
$$\zeta(A, s) = \frac{1}{h}\sum_{\chi} \bar{\chi}(A) L_K(s, \chi)$$

（和はすべてのイデアル類指標 χ にわたる）が成り立つ．よって関数 $\zeta(A, s)$ を研究することと L 級数 $L_K(s, \chi)$ を研究することとは同値である．はじめの関数は，しばしば解析的研究に，あとの関数は数論的研究に適する．

(17) および定理2から，$L_K(s, \chi)$ は $\sigma > \frac{1}{2}$ に有理型に接続され，$s=1$ における1位の極（あるかもしれない）を除いて正則である．(16) および上述の直交性により

$$\operatorname*{Res}_{s=1} L_K(s, \chi) = \sum_{A \in C} \chi(A)\varkappa = \begin{cases} h\varkappa & (\chi = \chi_0), \\ 0 & (\chi \neq \chi_0) \end{cases}$$

（χ_0 は主指標）が導かれる．すなわち $L_K(s, \chi)$ は $\chi \neq \chi_0$ に対しては正則，一方 $L_K(s, \chi_0) = \zeta_K(s)$ は $s=1$ で留数 $h\varkappa$ の極をもつ．そのとき次の定理が成り立つ．

定理3　各自明でないイデアル類指標 χ に対し $L_K(1, \chi) \neq 0$.──

証明はディリクレ指標に対して§6で与えられた証明に似ている．まず関数

$$F(s) = \prod_{\chi \in \hat{C}} L_K(s, \chi) = \zeta_K(s)\prod_{\chi \neq \chi_0} L_K(s, \chi)$$

は

$$\log F(s) = h\sum\nolimits^{*}\frac{1}{r}N(\mathfrak{p})^{-rs}$$

（$\sum^{*}$：素イデアル $\mathfrak{p}$，$r \geqq 1$，$\mathfrak{p}^r$：単項イデアル）により，実数 $s > 1$ に対し，実数値かつ $\geqq 1$ である．これから $L_K(1, \chi)$ はたかだか1つの自明でない指標 χ に対してのみ消えることができる．そしてその指標は実指標でなければならない．実指標 χ に対して，$L_K(1, \chi) = 0$ より，関数 $\frac{\zeta_K(s)L_K(s, \chi)}{\zeta_K(2s)}$ を援用することによって矛盾を導くことができる（§12では実指標 χ に対して $L_K(s, \chi)$ に対するある公式を与え，それから $L_K(1, \chi) \neq 0$

112　第 II 部　2 次体とそのゼータ関数

を導いた).

　われわれは，ちょうど $K=\boldsymbol{Q}$ の場合のように，値 $L_K(1, \chi)$ が K のある拡大体 (いわゆる類体) の類数公式に現れることを一言注意しておく.

　系　D を基本判別式とする. そのとき，判別式 D の各 2 次形式は，無限個の素数を表現する. ――

　(この系は，平方数でない判別式をもつ任意の原始的形式に対して成り立つ. しかし一般的証明にあたってはイデアル類指標の代りに，いわゆる環類(ring class) 指標を用いなければならない.)

　証明　ふたたび直交性により，各 $A \in C$ に対して

$$\sum{}^*\frac{1}{r}N(\mathfrak{p})^{-rs} = \frac{1}{h}\sum_{\chi \in \hat{C}}\bar{\chi}(A)\log L_K(s, \chi) \qquad (\mathrm{Re}(s) > 1)$$

$$(\sum{}^* : \text{素イデアル } \mathfrak{p}, \ \mathfrak{p}^r \in A)$$

である. 上記定理により右辺において $\chi \neq \chi_0$ に対する項は $s \to 1$ のとき有界，一方

$$\log L_K(s, \chi_0) = \log \zeta_K(s) = \log\frac{1}{s-1} + O(1) \qquad (s \to 1)$$

である. 他方左辺において，$r > 1$ または $N(\mathfrak{p}) = p^2$ であるようなすべての $\mathfrak{p}$, r についての和は，$\sum_{n=1}^{\infty} n^{-2} < \infty$ により，同じく $s \to 1$ のとき有界である. ゆえに

$$\sum{}^*N(\mathfrak{p})^{-s} = \frac{1}{h}\log\frac{1}{s-1} + O(1) \quad (s \to 1).$$

$$(\sum{}^* : \mathfrak{p} \in A, \ N(\mathfrak{p}) : \text{素数})$$

　有理素数 p に対して，$N(\mathfrak{p}) = p$ である $\mathfrak{p} \in A$ の個数は，§10 の対応の下でイデアル類 A に対応する形式 f による p の表現数に等しい. それゆえわれわれは，系のみならず，より強い結果

$$\sum_p R(p, f) p^{-s} = \frac{1}{h}\log\frac{1}{s-1} + O(1)$$

を証明した. p が f により表されるならば $R(p, f)$ は，$A = A'$ であるかないかに従い，すなわち形式 $f(x, y) = ax^2 + bxy + cy^2$ が $SL_2(\boldsymbol{Z})$ の下で形式 $ax^2 - bxy + cy^2$ に同値である (かかる形式を**両面的** (ambig) という) かないかに従い，1 または 2 に等しい. 素数の集合 $\mathfrak{P}$ の**ディリクレ密度**を

$$\delta(\mathfrak{P}) = \lim_{s \to 1}\left(\sum{}^{*} p^{-s}\right)\Big/\left(\log\frac{1}{s-1}\right) \qquad (\sum{}^{*}: \text{素数 } p \in \mathfrak{P})$$

により定義 (極限が存在する場合) すれば, われわれは結果をいくらか印象的に定式化することができる. すなわち f により表現される素数の集合はディリクレ密度をもつ. 実際それは, f が両面的であるかないかに従い $\dfrac{1}{2h(D)}$ または $\dfrac{1}{h(D)}$ に等しい.

問 題

1. 定理 2 を $p=2$ に対して証明せよ. すなわち 2 は $D\equiv 1 \pmod 8$ ならば分解し, $D\equiv 5 \pmod 8$ ならば惰性的で, $D\equiv 0 \pmod 4$ ならば分岐する.

（**ヒント** $d\equiv 2$ または $3 \pmod 4$ をもって $D=4d$ であるならば, それぞれ $x=\sqrt{d}$ または $x=1+\sqrt{d}$ は $\mathfrak{O}$ に属し, $2\,|\,x^2$, $2\nmid x$ である. ゆえに 2 は分岐する. 逆に $2=\mathfrak{p}^2$ が分岐し, $D\equiv 1 \pmod 4$ ならば $\mathfrak{p}\,|\,x$, $2\nmid x$ から, 奇素数の場合のようにして矛盾が導かれる. $D\equiv 5 \pmod 8$ ならば, $2\,|\,N(x)$ から $2\,|\,x$ が得られ, 2 は惰性的である. しかし $D\equiv 1 \pmod 8$ ならば $\dfrac{1+\sqrt{D}}{2}$ は 2 で割れないが偶数のノルムをもつ. そして 2 は惰性的ではあり得ない.）

2. K を判別式 D の 2 次体, $\mathfrak{O}$ を K の全整数環, r を自然数とする. そのとき, 剰余類環 $\mathfrak{O}/r\mathfrak{O}$ の可逆元の群 $(\mathfrak{O}/r\mathfrak{O})^{*}$ の位数は

$$|(\mathfrak{O}/r\mathfrak{O})^{*}| = \varphi(r)\,\gamma_D(r)$$

により与えられることを示せ. ここで $\varphi(r)=|(\boldsymbol{Z}/r\boldsymbol{Z})^{*}|$ はオイラーの関数であり, $\gamma_D(r)=r\prod_{p\,|\,r}\left(1-\dfrac{\chi_D(p)}{p}\right)$ である. (§10, 問題 5 に対する注意を参照.)

3. $\sum_{n=1}^{\infty} c_n n^{-s}$ を収束軸 $\sigma_0<1$ をもつディリクレ級数とする. そのとき $\sum c_n n^{-s}$ と $\zeta(s)$ との積は次の性質をもつディリクレ級数である：係数の平均値は存在し, その値はこの級数により定義された関数の有理型的解析接続の $s=1$ における留数, すなわち $\sum\dfrac{c_n}{n}$ に等しい. (§8, 定理 4 の証明を参照せよ. そこでは $c_n=\chi_D(n)$, $\sigma_0=0$ である.)

114 第 II 部 2次体とそのゼータ関数

4. 関係 $\zeta(s, A) = \sum_{n=1}^{\infty} \dfrac{R(n, f)}{n^s}$ (f は A に対応する形式) を用い,公式

$$\sum_{n=1}^{N} R(n, f) \sim \varkappa N$$

を,より精確な公式

$$\sum_{n=1}^{N} R(n, f) = \varkappa N + O(\sqrt{N})$$

でおきかえて§8,定理4の証明を精密にし,よって定理2を証明せよ.

■

§12 種 の 理 論

われわれは§8で2元2次形式を研究した.そこでは,2つの形式が,行列式1の整係数行列により互いにうつり合うとき,それらは同値であるといった.そして,一般には,与えられた判別式をもつ形式の同値類は多く (といっても有限個) 存在し,その個数 $h(D)$ は容易には定められない数であることをみた.しかし**有理**同値に対する同様の問題は容易であり,完全に解決され得る.それはガウスの素晴らしい発見である.有理同値な2つの形式 (すなわち,行列式1の有理数係数の行列により互いにうつり合う2つの形式) は,同じ**種**に属するといわれる.ガウスは,ある2次の指標を用いて,判別式 D の形式の種を完全に記述し,t を D に含まれる素因子の個数とするとき,種の個数は 2^{t-1} に等しいことを示した.とくに $h(D)$ は 2^{t-1} により常に割り切れる.このことは§9ですでに言及した.種に分類することは,今までわれわれが考えた類別よりも実際に粗いことは,次の例よりはっきりわかる.判別式 -23 の形式

$$f(x, y) = x^2 + xy + 6y^2,$$
$$g(x, y) = 2x^2 + xy + 3y^2$$

は,f が1を表わし ($x=1, y=0$) g は表わさない ('ともに 0' でない整数 x, y に対し $g(x, y) = 2(x + \frac{1}{4}y)^2 + \frac{23}{8}y^2 > 1$) からたしかに同値ではない.しかし,

§12 種の理論 **115**

行列式 1 の変換 $\begin{pmatrix} 1/2 & 1/2 \\ -3/2 & 1/2 \end{pmatrix}$ により f は g にうつる.

この節でガウスの種の理論の主な結果を，形式ではなくイデアル類の言葉で導こう．ここではわれわれは上に与えた定義とは異なる種の定義をえらぶ．（2 つの定義が同値であることについては問題 1 参照.) また，すべての考察を任意の 2 次体——実，虚にかかわらず——に対して行なう.

K を判別式 D の 2 次体とし，C を K のイデアル類群とする．（常に狭義を意味する.) §11 の終りで，イデアルに対して定義された乗法的な複素数値関数で，単項イデアルに対しては値 1 をとるものはちょうど C の指標であること，すなわち準同型 $\chi : C \to C^*$ であることを注意した．これらの関数のうち**実数値**であるもの，すなわち準同型

$$\chi : C \longrightarrow \{\pm 1\}$$

に注目し，それらを**種の指標**と名付ける．2 つのイデアル類 A_1, A_2 は，すべての種の指標 χ に対して $\chi(A_1) = \chi(A_2)$ をみたすとき，同じ**種**に属するといわれる．明らかに

$$\begin{aligned}
\chi(C) \subset \{\pm 1\} &\Longleftrightarrow \text{すべての } A \in C \text{ に対し } \chi(A)^2 = 1 \\
(1) \qquad &\Longleftrightarrow \text{すべての } A \in C \text{ に対し } \chi(A^2) = 1 \\
&\Longleftrightarrow \text{すべての } A_1, A_2 \in C \text{ に対し } \chi(A_1 A_2{}^2) = \chi(A_1)
\end{aligned}$$

が成り立つから，この定義は次と同値である：2 つの類 $A_1, A_2 \in C$ は，A_1, A_2 が群 C の中で平方だけ異なるときに限り同じ種に属する．ゆえに種は C/C^2 に同型な群をつくる．ここで C^2 は C の部分群 $\{A^2 \mid A \in C\}$ を示す．種の指標は，これに双対な群 $\widehat{C/C^2}$ をつくる（§5 参照).とくに種の個数は種の指標の個数に等しく 2 のべきである．種の群の単位元を**単位種**という．(1) より，この種はイデアル類の平方から成る．すなわち，イデアル $\mathfrak{a}$ は，あるイデアル $\mathfrak{b}$ と数 $\lambda \in K$, $N(\lambda) > 0$, があって，$\mathfrak{a} = (\lambda)\mathfrak{b}^2$ と書かれるとき，かつそのときに限り単位種に属する.

イデアル類の，平方類を法とする同値類としての種の定義はおそらく，いささか人工的に思われるであろう．しかしその概念が全く自然なものであることは次の結果から知られる.

116　第 II 部　2次体とそのゼータ関数

定理1　i)　2つの (分数) イデアル $\mathfrak{a}, \mathfrak{b}$ は正のノルムをもつ数 $\lambda \in K$ が存在して

$$(2) \qquad\qquad N(\mathfrak{a}) = N(\lambda) N(\mathfrak{b})$$

であるとき，かつそのときに限り同じ種に属する.

　ii)　自然数 n は，それが単位種の整イデアルのノルムであるとき，かつそのときに限り K の数のノルムである.

　証明　i)　主張の一方向は自明である．すなわち $\mathfrak{a}, \mathfrak{b}$ が同じ種に属するならば上述のことより K のイデアル $\mathfrak{c}$ と，正のノルムをもつ $\mu \in K$ が存在して

$$\mathfrak{a} = (\mu)\mathfrak{c}^2\mathfrak{b}$$

が成り立つ．そのとき

$$N(\mathfrak{a}) = |N(\mu)| N(\mathfrak{c})^2 N(\mathfrak{b})$$
$$= N(\mu N(\mathfrak{c})) N(\mathfrak{b})$$

ゆえに (2) は $\lambda = \mu N(\mathfrak{c})$ により成り立つ．逆に (2) が成り立つとする．$\mathfrak{a}$ が $\mathfrak{b}$ と同じ種に属することを示そう．$\mathfrak{a}$ を $\mathfrak{a}\mathfrak{b}^{-1}$ でおきかえることにより $\mathfrak{b} = (1)$ ととることができる．よって

$$(3) \qquad\qquad N(\mathfrak{a}) = N(\lambda) \quad (\lambda \in K) \Longrightarrow \mathfrak{a} \in \text{単位種}$$

をいえばよい．$\mathfrak{a}$ を $(\lambda^{-1})\mathfrak{a}$ でおきかえれば $\lambda = 1$ ととることができる．すなわち $N(\mathfrak{a}) = 1$. われわれは

$$(4) \qquad\qquad N(\mathfrak{a}) = 1 \Longrightarrow \text{整イデアル } \mathfrak{b} \text{ が存在して } \mathfrak{a} = \mathfrak{b}/\mathfrak{b}'$$

を主張する．$\mathfrak{b}/\mathfrak{b}' = N(\mathfrak{b})^{-1}\mathfrak{b}^2$ は明らかに単位種に属するから，このことは (3) を含んでいる.

　(4) をみるために (分数) イデアル $\mathfrak{a}$ の素イデアル分解を考えるのであるがここで $\mathfrak{p}_i' \neq \mathfrak{p}_i$ (すなわち $N(\mathfrak{p}_i) = p_i$ で p_i は分解する素数) である素イデアル因子 $\mathfrak{p}_i$ と，$\mathfrak{q}_j = \mathfrak{q}_j'$ (すなわち $N(\mathfrak{q}_j) = q_j{}^{i_j}$ で q_j は分岐して $i_j = 1$ であるかまたは q_j は惰性的で $i_j = 2$) である素イデアル因子 $\mathfrak{q}_j$ を区別する．すなわち

$$\mathfrak{a} = \left(\prod_i \mathfrak{p}_i{}^{a_i}\mathfrak{p}_i'{}^{b_i}\right)\left(\prod_j \mathfrak{q}_j{}^{c_j}\right) \qquad (a_i, b_i, c_j \in \mathbf{Z}).$$

そのとき $1 = N(\mathfrak{a}) = \prod p_i{}^{a_i+b_i} \prod q_j{}^{i_j c_j}$ および $\mathbf{Q}$ における素因数分解の一意性より，すべての i に対して $a_i + b_i = 0$，すべての j に対して $c_j = 0$ である．それ

ゆえ (4) は $\mathfrak{b} = \prod_{a_i>0} \mathfrak{p}_i{}^{a_i} \prod_{b_i>0} \mathfrak{p}_i'{}^{b_i}$ ととって証明される.

ⅱ) ふたたび一方向は自明である. 単位種に属する $\mathfrak{a}$ に対し $n = N(\mathfrak{a})$ とすれば, (2) で $\mathfrak{b} = (1)$ ととって n が数 $\lambda \in K$ のノルムであることがわかる. 逆に $n = N(\lambda)$, $\lambda \in K$, とするとき, (λ) を互いに素な K の整イデアル $\mathfrak{a}, \mathfrak{b}$ により $\mathfrak{a}/\mathfrak{b}$ と書き表す. そのとき, $N(\mathfrak{b}) | N(\mathfrak{a})$ および $(\mathfrak{a}, \mathfrak{b}) = 1$ より, (4) の場合と同様の論法を用いて, $\mathfrak{b}' | \mathfrak{a}$ が示される. すなわち $\mathfrak{a} = \mathfrak{b}'\mathfrak{c}$ をみたす整イデアル $\mathfrak{c}$ が存在する. そのとき

$$n = N(\lambda) = N(\mathfrak{a}/\mathfrak{b}) = N(\mathfrak{b}'\mathfrak{c}/\mathfrak{b})$$
$$= N(\mathfrak{c})$$

で, $\mathfrak{c}$ は (3) より単位種に属する. ——

後の目的のために, 数に対する (4) の類似を与えておく. すなわち

(5) $\qquad \lambda \in K$, $N(\lambda) = 1 \Longrightarrow \mu \in \mathfrak{O}$ が存在して $\lambda = \mu/\mu'$.

証明は簡単である. $\mu = \lambda + 1$ ととればよいのである.

上に証明した定理は, イデアル類 (狭義) と種の相違を明示している. すなわちイデアル $\mathfrak{a}, \mathfrak{b}$ に対して

$\qquad \mathfrak{a}, \mathfrak{b}$ は同じイデアル類に属する $\Longleftrightarrow \mathfrak{a} = (\lambda)\mathfrak{b}$, $N(\lambda) > 0$,

$\qquad \mathfrak{a}, \mathfrak{b}$ は同じ種に属する $\Longleftrightarrow N(\mathfrak{a}) = N((\lambda)\mathfrak{b})$, $N(\lambda) > 0$

が成り立つ. また, $n \in \boldsymbol{N}$ に対して

$\qquad n = N(\mathfrak{a})$, $\mathfrak{a}$: 整, $\mathfrak{a} \in$ 単項類 $\Longleftrightarrow n = N(\lambda)$, $\lambda \in \mathfrak{O}$,

$\qquad n = N(\mathfrak{a})$, $\mathfrak{a}$: 整, $\mathfrak{a} \in$ 単位種 $\Longleftrightarrow n = N(\lambda)$, $\lambda \in K$

である.

さてこの節の主結果である, 種の指標の分類を考えよう. 第Ⅰ部から 2, 3 の事実を引用する. 各基本判別式 D は実原始指標 $\chi_D \pmod{|D|}$ に対応づけられる. 各判別式 D は, 素判別式すなわち素数のみを含む基本判別式の積として一意的に表される. $D = D_1 \cdots D_t$ を D の素判別式の積への分解とすれば, χ_D は対応する χ_{D_i} の積である. L 級数 $L(s, \chi_D)$ を $L_D(s)$ と書く. $D = 1$ に対しては χ_D は自明な指標で $L_D(s) = \zeta(s)$ であり一方 $D \neq 1$ に対して, すなわち 2 次体 K の判別式 D に対して, 関係

(6) $\qquad\qquad\qquad \zeta_K(s) = \zeta(s) L_D(s)$

118　第II部　2次体とそのゼータ関数

が成り立つ．これらの言葉を用いて次の定理が成り立つ．

定理2　D を2次体 K の判別式とする．そのとき K の種の指標と，D の2つの基本判別式の積への分解 $D = D' \cdot D''$（ここで分解 $D = D' \cdot D''$ と $D = D'' \cdot D'$ は同じものとみなされる．また分解 $D = 1 \cdot D$ または $D = D \cdot 1$ も許容されている）の間に全単射が存在する．分解 $D = D' \cdot D''$ に対応する種の指標は，素イデアルに対して

$$
(7) \qquad \chi(\mathfrak{p}) = \begin{cases} \chi_{D'}(N\mathfrak{p}), & (N\mathfrak{p}, D') = 1 \text{ のとき,} \\ \chi_{D''}(N\mathfrak{p}), & (N\mathfrak{p}, D'') = 1 \text{ のとき} \end{cases}
$$

により，また任意のイデアルに対して

$$
(8) \qquad \chi(\mathfrak{p}_1{}^{n_1} \cdots \mathfrak{p}_k{}^{n_k}) = \chi(\mathfrak{p}_1)^{n_1} \cdots \chi(\mathfrak{p}_k)^{n_k}
$$
$$
(\mathfrak{p}_i \colon \text{素イデアル,} \quad n_i \in \mathbf{Z})
$$

により定義される．χ の L 級数は

$$
(9) \qquad L_K(s, \chi) = L_{D'}(s) L_{D''}(s)
$$

により与えられる．——

$D' = 1$，$D'' = D$ に対して $\chi = \chi_0$，$L_K(s, \chi) = \zeta_K(s)$ である．この場合 (9) は (6) にほかならない．

系　群 C/C^2 は $(\mathbf{Z}/2\mathbf{Z})^{t-1}$ に同型である．ただし，t は D の異なる素因数の個数である．とくに，類数 $h(D)$ は 2^{t-1} により割り切れ，$h(D)$ は D が素判別式であるとき，かつそのときに限り奇数である．

系の証明　$D = D_1 \cdots D_t$ を D の素判別式の積への分解とする．そのとき D はちょうど 2^{t-1} 通りの分解 $D' \cdot D''$ をもつ．何故ならばこれはちょうど，集合 $\{D_1, \cdots, D_t\}$ の2つの交わらない部分集合の和への分解（これらの集合の順序は無視する）に対応するからである．他方，われわれは種の指標の個数は群 C/C^2 の位数に等しいことを知っている．この群はアーベル的かつべき指数 (exponent) 2 をもつからそれはある適当な r に対して $(\mathbf{Z}/2\mathbf{Z})^r$ に同型である．そしてそのとき $2^r | h(D)$ であり，$r > 0 \Leftrightarrow 2 \mid h(D)$ が成り立つ．$(h(D) = |C|.)$ 定理より，判別式の分解と同じだけ種の指標が存在する．よって $r = t - 1$．

定理の証明　証明すべきことは次の通りである．

i)　(7) および (8) により定義されたイデアル上の関数は矛盾なく定義さ

れ，かつ種の指標である，

ii）これらの指標に対して関係 (9) が成り立つ，

iii）2^{t-1} 個の，そのように構成された指標は異なる，

および

iv）すべての種の指標はこのようにして生ずる．

i）$\mathfrak{p}$ が素イデアルで，$D = D' \cdot D''$ が定理にいう分解ならば $N(\mathfrak{p})$ は素数べきであり，$(D', D'') = 1$ である．ゆえに $(N\mathfrak{p}, D') = 1$ または $(N\mathfrak{p}, D'') = 1$ （またはその両方が同時に）成り立つ．われわれは $(N\mathfrak{p}, D') = 1$ かつ $(N\mathfrak{p}, D'') = 1$ のとき，すなわち $N(\mathfrak{p})$ が D に素なときに (7) の 2 つの値が一致することを確かめなければならない．その場合，§11，定理 1 により 2 つの可能性がある：すなわち $N\mathfrak{p} = p^2$，$\chi_D(p) = -1$ であるか，$N\mathfrak{p} = p$，$\chi_D(p) = +1$ であるかである．はじめの場合，

$$\chi_{D'}(N\mathfrak{p}) = \chi_{D'}(p^2) = \chi_{D'}(p)^2 = 1 = \chi_{D''}(N\mathfrak{p})$$

であり，2 つの定義 (7) は一致する；第二の場合

$$\chi_{D'}(N\mathfrak{p})\,\chi_{D''}(N\mathfrak{p}) = \chi_{D'}(p)\,\chi_{D''}(p) = \chi_D(p) = 1.$$

ゆえに $\chi_{D'}(N\mathfrak{p}) = \chi_{D''}(N\mathfrak{p})$ であり，ふたたび (7) は矛盾を生じない．K における素イデアル分解の一意性により，(8) はおのおのイデアル $\mathfrak{a} \neq 0$ に対して一意的に定まる関数 χ を定義する．あと，単項イデアル $\mathfrak{a}$ に対して $\chi(\mathfrak{a}) = 1$ であること，すなわち

(10) $\qquad\qquad \chi((\lambda)) = 1 \qquad (\lambda \in K, \ N(\lambda) > 0)$

を示すことが残っている．そうすれば χ は明らかに乗法的であり，かつ値 ± 1 のみをとるから，χ は明らかに種の指標である．

K の各数は整数の商であるから (10) において $\lambda \in \mathfrak{O}$ としてよい．まず (10) を，$N(\lambda)$ が D'（または D''）に素であるとして証明する．そのときは (7) および (8) より

$$\chi((\lambda)) = \chi_{D'}(N(\lambda))$$

である．$D' = \prod_i D_i$ を基本判別式の素判別式への分解とする．そのとき $\chi_{D'}$ は指標 χ_{D_i} の積である（読者はこのことを確認せよ）．ゆえに各 i に対して

$$\chi_{D_i}(N(\lambda)) = 1 \qquad (\lambda \in \mathfrak{O}, \ \lambda \text{ は } D_i \text{ に素})$$

120　第 II 部　2 次体とそのゼータ関数

をいえば十分である．さて，$D_i = \pm p \equiv 1 \pmod 4$ かつ p は素数であるか，$D_i = -4, 8$ または -8 であるかである（第 I 部，§5 をみよ）．第一の場合，

$$\lambda = \frac{a + b\sqrt{D}}{2} \quad (a, b \in \mathbf{Z}),$$

$$N(\lambda) = \frac{a^2 - b^2 D}{4} \equiv \frac{a^2}{4} \pmod p, \quad p \nmid a$$

である．ゆえに

$$\chi_{D_i}(N(\lambda)) = \chi_{D_i}\left(\frac{a^2}{4}\right) = 1.$$

$D_i = -4$ または 8 または -8 の場合，D をそれぞれ $d \equiv 3 \pmod 4$ または $d \equiv 2 \pmod 8$ または $d \equiv 6 \pmod 8$ により $4d$ と表し，λ を $m + n\sqrt{d}$，$m, n \in \mathbf{Z}$，と書く．そのとき

$$
\begin{aligned}
D_i = -4 &\implies N(\lambda) = m^2 - n^2 d, \ d \equiv 3 \pmod 4 \\
&\implies N(\lambda) \equiv 0, 1, 2 \pmod 4 \\
&\implies N(\lambda) \equiv 1 \pmod 4 \\
&\implies \chi_{-4}(N(\lambda)) = 1. \\
D_i = 8 &\implies N(\lambda) = m^2 - n^2 d, \ d \equiv 2 \pmod 8 \\
&\implies N(\lambda) \equiv 0, 1, 2, 4, 6, 7 \pmod 8 \\
&\implies N(\lambda) \equiv 1, 7 \pmod 8 \\
&\implies \chi_8(N(\lambda)) = 1. \\
D_i = -8 &\implies N(\lambda) = m^2 - n^2 d, \ d \equiv 6 \pmod 8 \\
&\implies N(\lambda) \equiv 0, 1, 2, 3, 4, 6 \pmod 8 \\
&\implies N(\lambda) \equiv 1, 3 \pmod 8 \\
&\implies \chi_{-8}(N(\lambda)) = 1.
\end{aligned}
$$

ここで $2 \nmid N(\lambda)$ を用いた．これでイデアル (λ) が D' または D'' に素な場合に (10) が証明された．

　$\lambda \in \mathfrak{O}$ を任意にとり (λ) を

$$(11) \qquad\qquad (\lambda) = \mathfrak{p}_1 \cdots \mathfrak{p}_r \mathfrak{b}$$

と書く．ここで素イデアル $\mathfrak{p}_j$ は D の約数であり，$\mathfrak{b}$ は D に素である．各 j に対して $\mathfrak{p}_j^{-1}$ のイデアル類から D に素なイデアル $\mathfrak{a}_j$ をえらぶ（このことは常に

可能である．問題 2 をみよ．そのとき各 j に対して積 $\mathfrak{p}_j \mathfrak{a}_j$ は単項イデアルであり D' または D'' に素である（D を割る素因子のみを含むからである）．ゆえにすでに証明したことより

$$\chi(\mathfrak{p}_j \mathfrak{a}_j) = 1 \qquad (j=1,\cdots,r)$$

である．

$$(\lambda) = (\mathfrak{p}_1 \mathfrak{a}_1)\cdots(\mathfrak{p}_r \mathfrak{a}_r)(\mathfrak{b}\mathfrak{a}_1^{-1}\cdots \mathfrak{a}_r^{-1})$$

より，$\mathfrak{b}\mathfrak{a}_1^{-1}\cdots \mathfrak{a}_r^{-1}$ もまた単項イデアルで D に素であるから

$$\chi(\mathfrak{b}\mathfrak{a}_1^{-1}\cdots \mathfrak{a}_r^{-1}) = 1$$

である．そして (10) が成り立つことは最後の 3 つの等式から示される．

ii）　まず等式 (9) を証明しよう．$L_K(s,\chi)$ のオイラー積は

$$(12) \qquad L_K(s,\chi) = \prod{}^*\Big(1 - \frac{\chi(\mathfrak{p})}{N(\mathfrak{p})^s}\Big)^{-1} \qquad (\prod{}^*：\text{素イデアル } \mathfrak{p})$$

$$= \prod_p \prod{}^*\Big(1 - \frac{\chi(\mathfrak{p})}{N(\mathfrak{p})^s}\Big)^{-1} \qquad (\prod{}^*：\text{素イデアル } \mathfrak{p} \mid p)$$

（最初の積はすべての有理素数 p にわたり，第二の積は p を割る素イデアル $\mathfrak{p}$ にわたる）となる．$L_{D'}$ および $L_{D''}$ のオイラー積は

$$(13) \qquad L_{D'}(s) L_{D''}(s) = \prod_p \Big(1 - \frac{\chi_{D'}(p)}{p^s}\Big)^{-1}\Big(1 - \frac{\chi_{D''}(p)}{p^s}\Big)^{-1}$$

を与える．各素数 p に対して，(12), (13) の対応する因子は等しいことを示そう．

場合 1　$\chi_D(p)=1$, $p=\mathfrak{p}\mathfrak{p}'$ とする．ここで $\mathfrak{p}$ は D' および D'' に素である．(7) より

$$\chi(\mathfrak{p}) = \chi_{D'}(N\mathfrak{p}) = \chi_{D'}(p) = \chi_{D''}(p)$$

が成り立つ．同様に $\chi(\mathfrak{p}')=\chi_{D''}(p)$．ゆえに

$$\prod{}^*\Big(1 - \frac{\chi(\mathfrak{p})}{N(\mathfrak{p})^s}\Big)^{-1} = \Big(1 - \frac{\chi_{D'}(p)}{p^s}\Big)^{-1}\Big(1 - \frac{\chi_{D''}(p)}{p^s}\Big)^{-1}$$

$$(\prod{}^*：\text{素イデアル } \mathfrak{p} \mid p)$$

である．

場合 2　$\chi_D(p)=-1$, $p=\mathfrak{p}$ とする．ここで $N(\mathfrak{p})=p^2$ であるから $\chi(\mathfrak{p})=1$．他方 $\chi_{D'}(p)\chi_{D''}(p)=\chi_D(p)=-1$ であるから $\chi_{D'}(p)$, $\chi_{D''}(p)$ の 1 つは $+1$, 他

122　第 II 部　2次体とそのゼータ関数

は -1 に等しい. したがって

$$\prod{}^*\left(1-\frac{\chi(\mathfrak{p})}{N(\mathfrak{p})^s}\right)^{-1} = \left(1-\frac{1}{p^{2s}}\right)^{-1}$$

$$= \left(1-\frac{1}{p^s}\right)^{-1}\left(1+\frac{1}{p^s}\right)^{-1}$$

$$= \left(1-\frac{\chi_{D'}(p)}{p^s}\right)^{-1}\left(1-\frac{\chi_{D''}(p)}{p^s}\right)^{-1}.$$

$$(\prod{}^*:素イデアル\ \mathfrak{p}\mid p)$$

場合 3　$\chi_D(p)=0$, $p=\mathfrak{p}^2$ とする. ここでは p は D' または D'' を割る. たとえば $p\mid D''$ とすれば $(p, D')=1$ であるから (7) より $\chi(\mathfrak{p})=\chi_{D'}(p)$. そのとき

$$\prod{}^*\left(1-\frac{\chi(\mathfrak{p})}{N(\mathfrak{p})^s}\right)^{-1} = \left(1-\frac{\chi_{D'}(p)}{p^s}\right)^{-1}$$

$$= \left(1-\frac{\chi_{D'}(p)}{p^s}\right)^{-1}\left(1-\frac{\chi_{D''}(p)}{p^s}\right)^{-1}$$

$$(\prod{}^*:素イデアル\ \mathfrak{p}\mid p)$$

である. 最後の等式は $\chi_{D''}(p)=0$ による.

iii)　$D = D_1\cdots D_t$ を D の素判別式への分解, χ_i を分解 $D = D_i\cdot D_1\cdots D_{i-1}D_{i+1}\cdots D_t$ に対応する指標とする. そのとき, 一般的な分解 $D=D'\cdot D''$, $D''=D_{i_1}\cdots D_{i_s}$, に対して, 対応する指標 χ は $\chi_{i_1}\cdots\chi_{i_s}$ に等しい. 換言すれば, われわれがすでに構成した指標は, $\chi_1, \cdots, \chi_t$ により生成される群をつくる. ここで生成元の関係式は $\chi_i^2=1$ および $\chi_1\cdots\chi_t=1$ である. われわれは χ_i の間にその他の関係が存在しないこと, すなわち, 分解 $D=D'\cdot D''$ に対応する指標 χ は $D'=1$ または $D''=1$ のときにのみ自明であることを証明しなければならない. しかしそれは (9) からただちに示される. D' および D'' がともに $\neq 1$ であるとき, 関数 $L_{D'}(s)$ および $L_{D''}(s)$ は $s=1$ で正則である. ゆえに $L_K(s,\chi)$ は (9) より $s=1$ で極をもたず, χ は自明ではあり得ない.

iv)　われわれはすでに系の証明において, ちょうど 2^r 個 $(2^r=|C/C^2|)$ の種の指標が存在することをみた. ゆえに $r\leqq t-1$ を示さなければならない.

$Sq : C\to C$ を, イデアル類をその平方にうつす写像とする. そうすれば, 完全系列 (exact sequence)

$$0 \longrightarrow I \longrightarrow C \overset{Sq}{\longrightarrow} C \longrightarrow C/C^2 \longrightarrow 0,$$

$$I = \mathrm{Ker}(Sq)$$

が得られる. 群はすべて有限群であるから $|I|=|C/C^2|$ である. すなわち, 平方が自明となるイデアル類は, 平方類を法としての同値類と同じ個数だけ存在する. $A \in C$ に対して, $A^{-1}=A'$ より

$$A \in I \Longleftrightarrow A^2 = 1 \Longleftrightarrow A = A^{-1} \Longleftrightarrow A = A'$$

が成り立つ. 自分自身の共役と等しいイデアル類は**両面類**とよばれる (それは §11 のおわりに定義された両面形式に対応する). このようなイデアル類は, たかだか 2^{t-1} 個存在することを示そう.

まず, 各両面類は $\mathfrak{a}=\mathfrak{a}'$ であるイデアル $\mathfrak{a}$ を含むことを注意する. このことは (5) から導かれる. まず $\mathfrak{a} \in A$ を任意とする. そのとき $\mathfrak{a}' \in A'=A$ は $\mathfrak{a}$ と同じイデアル類に属する. ゆえに $\lambda \in K$, $N(\lambda)=1$, により $\mathfrak{a}'=(\lambda)\mathfrak{a}$ と書かれる. (5) よりそのとき $\lambda=\mu/\mu'$, $\mu \in \mathfrak{O}$, で, $N(\mu)>0$ としてよい (K が虚ならば自動的にこのことはみたされる. K が実ならば λ を正にとれば $\mu\mu'=\lambda\mu'^2>0$). そのときイデアル $(\mu)\mathfrak{a} \in A$ はその共役と等しい.

さて両面類 A から $\mathfrak{a}=\mathfrak{a}'$ であるイデアル $\mathfrak{a}$ (すなわち両面イデアル) をとる. 適当な有理数を乗じて $\mathfrak{a}$ は整であり, さらに**原始的**であるとしてよい (すなわち >1 である自然数では割りきれない). しかし K の中にはともかく, 整かつ原始的な両面イデアルは 2^r 個しか存在しない. すなわち, 積

(14) $$\mathfrak{p}_1{}^{i_1} \cdots \mathfrak{p}_t{}^{i_t} \qquad (i_1, \cdots, i_t \in \{0, 1\})$$

(ここで $\mathfrak{p}_i$ $(i=1, \cdots, t)$ は D_i を割る (一意的に定められた) 素イデアル) により表されるものだけしか存在しない. 実際, このようなイデアル $\mathfrak{a}$ は $\mathfrak{p}=(p)$, p: 惰性, である素イデアル $\mathfrak{p}$ により割り切れない (さもなければ $\mathfrak{a}$ は自然数 p により割り切れることになる), また $\mathfrak{a}$ の中に $\mathfrak{p} \neq \mathfrak{p}'$, $\mathfrak{p}\mathfrak{p}'=(p)$, である素イデアル $\mathfrak{p}$ も現れない (さもなければ $\mathfrak{p}' | \mathfrak{a}'=\mathfrak{a}$ より $p=\mathfrak{p}\mathfrak{p}' | \mathfrak{a}$ となり, $\mathfrak{a}$ の原始性に矛盾する). それゆえ $\mathfrak{a}$ はただ分岐する素イデアルのみを含み, そして実際, たかだか 1 乗で含む ($\mathfrak{p}^2=p \Rightarrow \mathfrak{p}^2 \nmid \mathfrak{a}$ に注意). 各両面類 $A \in I$ はそれゆえ 2^t 個のイデアル (14) の少なくとも 1 つを含む. これからすでに $2^r \leq 2^t$ で

124   第 II 部   2次体とそのゼータ関数

なければならない. 2^t 個のイデアル (14) のうち, 単項イデアル類に属するただ 1 つのイデアル $\mathfrak{a} \neq 1$ を見いだすことができるならば実際に $2^r < 2^t$ であり, 証明は終る. (われわれはすでに $2^r \geqq 2^{t-1}$ であることを知っているから, このようなイデアル $\mathfrak{a}$ は, イデアル (14) の中に 2 個以上は存在しない.)

$D < 0$ ならば

$$\mathfrak{p}_1{}^2 \cdots \mathfrak{p}_t{}^2 = \prod_{p|D} p = \begin{cases} D & D \equiv 1 \pmod 4 \text{ の場合,} \\ 2d & D = 4d, \ d \equiv 3 \pmod 4 \text{ の場合,} \\ d & D = 4d, \ d \equiv 2 \pmod 4 \text{ の場合} \end{cases}$$

より, 関係

$$(15) \qquad \begin{cases} (\sqrt{D}) = \mathfrak{p}_1 \cdots \mathfrak{p}_t & D \equiv 1 \pmod 4, \\ (\sqrt{d}) = \mathfrak{p}_2 \cdots \mathfrak{p}_t & D = 4d, \ d \equiv 3 \pmod 4, \\ (\sqrt{d}) = \mathfrak{p}_1 \cdots \mathfrak{p}_t & D = 4d, \ d \equiv 2 \pmod 4 \end{cases}$$

が得られる. ただしここで第二の場合, $\mathfrak{p}_1$ が 2 を割るように $\mathfrak{p}_i$ をとった. (15) の左辺はどれも単項イデアルであるから, $\mathfrak{p}_i$ の間の自明でない関係が C において見いだされたことになる.

$D > 0$ に対してまた (15) は成り立つ. しかし, $\sqrt{D}$ (または $\sqrt{d}$) は負のノルムをもつから, 左辺は狭義の単項イデアルではない. K の基本単数 ε が負のノルムをもつ場合には単項イデアル $(\sqrt{D})$ または $(\sqrt{d})$ は, 正のノルムをもつ数 $\varepsilon\sqrt{D}$ または $\varepsilon\sqrt{d}$ によりそれぞれ生成される. それゆえ (15) はふたたび求める関係である. K が実で, 基本単数 ε が正のノルムをもつとき (ゆえに $\varepsilon\varepsilon' = 1$), $\mu = (\varepsilon - 1)\sqrt{D}$ とおけば

$$\mu' = -\varepsilon'\sqrt{D} + \sqrt{D} = (1 - \varepsilon^{-1})\sqrt{D} = \varepsilon^{-1}\mu$$

である. ゆえに $(\mu') = (\mu)$. (μ) を自然数 n および原始的イデアル $\mathfrak{a}$ を用いて $n\mathfrak{a}$ と表す. $\mathfrak{a}' = \mathfrak{a}$ より, $\mathfrak{a}$ はイデアル (14) の中に現れる. しかし $\mathfrak{a}$ は 1 ではあり得ない. 何故ならば $(\mu) = (n)$ より

$$\mu = \pm n\varepsilon^r \qquad (r \in \mathbf{Z})$$

であり, したがって

$$\varepsilon = \frac{\mu}{\mu'} = \frac{n\varepsilon^r}{n\varepsilon^{-r}} = \varepsilon^{2r}$$

§12 種の理論 **125**

となるが，それは矛盾であるからである．等式 $\mathfrak{a}=(n^{-1}\mu)$ はイデアル $\mathfrak{p}_1,\cdots,\mathfrak{p}_t$ の間の，求めていた自明でない関係を与える．これで定理2は証明された．

$C/C^2\cong(\mathbf{Z}/2\mathbf{Z})^{t-1}$ および有限アーベル群の構造定理より，群 C/C^4 $(C^4=\{A^4\mid A\in C\})$ は $(\mathbf{Z}/2\mathbf{Z})^{t-1-s}\times(\mathbf{Z}/4\mathbf{Z})^s$ に同型であることがわかる．ただし s は 0 と $t-1$ の間の数で

$$2^s = \#\{A\in C\mid A^2=1 \text{ かつ，ある } B\in C \text{ により } A=B^2\}$$

により定められる．すなわち，$2^s=\{\mathrm{Ker}(Sq)\cap\mathrm{Im}(Sq)$ の位数$\}$である．ここで群 $\mathrm{Ker}(Sq)$ および $\mathrm{Im}(Sq)$ ははっきりと書き表される．$\mathrm{Ker}(Sq)$ のイデアル類はイデアル (14) により代表され，しかも二重に代表される．一方 $\mathrm{Im}(Sq)$ はすべての種の指標 χ に対して $\chi(A)=1$（あるいは，すべての i に対して $\chi_i(A)=1$ としてもよい）である $A\in C$ から成る．ゆえに，イデアル (14) に対する χ_i の値を計算することにより s を定めることができる．結果は次のように表される．$\varepsilon_{ij}\in\mathbf{Z}/2\mathbf{Z}$，$1\le i,j\le t$，を

$$(-1)^{\varepsilon_{ij}} = \chi_i(\mathfrak{p}_j) = \begin{cases} \chi_{D_i}(p_j) & i\neq j, \\ \prod_{k\neq i}\chi_{D_k}(p_i) & i=j \end{cases} \qquad p_j = N(\mathfrak{p}_j)$$

により定義する．そのとき $t-1-s$ は体 $\mathbf{Z}/2\mathbf{Z}$ 上の行列 $(\varepsilon_{ij})_{1\le i,j\le t}$ の階数である．

問 題

1. 定理1を利用して次を示せ．K のイデアル類と判別式 D をもつ2次形式の同値類とを対応させる．そのとき2つのイデアル類は，対応する形式が互いに有理的に（すなわち $SL_2(\mathbf{Q})$ の行列により）うつり合うときかつそのときに限り，同じ種に属する．

2. 各イデアル類の中に，与えられたイデアルに素なイデアルが存在することを証明せよ．（このことは §11 の終りに証明した，各イデアル類には無限個の素イデアルが存在するという事実から自明であるが，ここでは初等的に証明せよ．）

3. この節の終りに与えた C/C^4 についての主張を確かめよ．そして

$$h(D) \equiv \pm 1 \pmod 4 \Longleftrightarrow D = -4, +8, -8, +p, -q,$$

126　第 II 部　2 次体とそのゼータ関数

$$h(D) \equiv 2 \pmod 4 \Longleftrightarrow D = +4q, \pm 8p \quad (p \equiv 5 \pmod 8),$$
$$+8q, -8q \quad (q \equiv 3 \pmod 8),$$
$$+pp' \quad \left(\left(\frac{p'}{p}\right) = -1\right),$$
$$-pq \quad \left(\left(\frac{q}{p}\right) = -1\right), \quad +qq',$$

および上記以外では

$$h(D) \equiv 0 \pmod 4$$

であることを示せ. ここで p, q はそれぞれ $\equiv 1$, $\equiv 3 \pmod 4$ の素数を示す. これで $h(D) \bmod 4$ は $D = +p$, $D = -q$ 以外の場合にはすべて定められた.

注意　ウイルソンの定理により, $q \equiv 3 \pmod 4$ に対して $\left[\left(\frac{q-1}{2}\right)!\right]^2 \equiv 1$ $(\bmod\, q)$, したがって $\left(\frac{q-1}{2}\right)! \equiv \pm 1 \pmod q$ である. 一方 $p \equiv 1 \pmod 4$ に対して $\left[\left(\frac{p-1}{2}\right)!\right]^2 \equiv -1 \pmod p$, したがって $\left(\frac{p-1}{2}\right)! \equiv \pm t_0/2 \pmod p$ である. ここで (t_0, u_0) は $t^2 - pu^2 = -4$ の最小正の解である. $h(D) \bmod 4$ の決定は, そのとき

$$h(-q) \equiv 1 \pmod 4 \Longleftrightarrow \left(\frac{q-1}{2}\right)! \equiv -1 \pmod q \text{ または } q = 3$$

(Mordell, Amer. Math. Monthly 68(1961), 145-146) および

$$h(+p) \equiv 1 \pmod 4 \Longleftrightarrow \left(\frac{p-1}{2}\right)! \equiv -t_0/2 \pmod p$$

(Chowla, Proc. Nat. Acad. Sci. U. S. A. 47(1961), 878) により完成された. 読者は §9, 定理 4 を用いてはじめの主張の証明を追求されるとよい.

■

§13　簡 約 理 論

§§8-9 において, われわれは与えられた判別式をもつ形式の同値類の個数, ならびにこれらの形式全体 (個々の形式によってではなく) による自然数の非

同値な表現の個数を決定した．これらの個数と並んで，次のようなことを決定する，効果的なアルゴリズムが得られる．

a) 各同値類の代表を少なくとも 1 つ含むような，与えられた判別式の形式の有限集合，

b) 2 つの与えられた形式が同値であるかどうか，

c) 与えられた形式による与えられた数の表現の，各同値表現類の代表を少なくとも 1 つ含むような有限集合，

d) 1 つの形式による，1 つの数の，2 つの表現が同値であるかどうか．

問題 a) は §8，定理 1 により答えられている．それは

$$(1) \qquad S_n = \begin{pmatrix} n & 1 \\ -1 & 0 \end{pmatrix} : ax^2 + bxy + cy^2$$

$$\longrightarrow (an^2 - bn + c)x^2 + (2an - b)xy + ay^2$$

の形の変換を応用することにより，任意の 1 つの形式から，有限回の手続によって

$$(2) \qquad\qquad -|a| < b \leq |a| \leq |c|$$

をみたす形式 $ax^2 + bxy + cy^2$ に移行し，与えられた判別式をもつそのような形式は有限個しか存在しないことを示すことにより行われた．

$D < 0$ の場合に，(2) の絶対値をとり除くことができる（正定値形式のみを考えるからである）．さらに $a = c$ の場合に $b \geq 0$ ととることができる（$ax^2 + bxy + ay^2$ は $ax^2 - bxy + ay^2$ に同値であるから）．われわれは

$$(3) \qquad -a < b \leq a < c \quad \text{または} \quad 0 \leq b \leq a = c$$

の場合，正定値形式 $ax^2 + bxy + cy^2$ は**簡約された**，という．そのとき，各正定値形式は簡約された形式に同値である．逆に，**簡約された正定値形式は互いに非同値である**ことを示そう．これは負の判別式の類数を計算する実用的な方法を与えるのみならず，定値形式に対する問題 b) の解答，すなわち 2 つの定値形式はそれらが同じ簡約形式にうつされるときに限り同値であるという結論，を与える．この主張を証明するために，まず，簡約形式 f および $x, y \in \mathbf{Z}$，$(x, y) \neq (0, 0)$，に対して

$$(4) \qquad f(x, y) = ax^2 + bxy + cy^2 \geq a(x^2 - |xy| + y^2) \geq a$$

128　第 II 部　2 次体とそのゼータ関数

が成り立つこと，したがって f の第一係数 a は f により表現される最小数であることに注意する．行列 $\begin{pmatrix} \alpha & \beta \\ \gamma & \delta \end{pmatrix} \in SL_2(\boldsymbol{Z})$ は f を第一係数が $a' = f(\alpha, \gamma)$ である形式 f' にうつす．ゆえに f' がまた簡約形式ならば a' は a に等しくなければならない．したがって（(4) において等号の場合を考えて）

$(c > a$ の場合)　　$\alpha = \pm 1,\ \gamma = 0,$

$(c = a > b$ の場合)　$\alpha = \pm 1,\ \gamma = 0$　または　$\alpha = 0,\ \gamma = \pm 1,$

$(c = a = b$ の場合)　$\alpha = \pm 1,\ \gamma = 0$　または

　　　　　　　　　　$\alpha = 0,\ \gamma = \pm 1$　または

　　　　　　　　　　$\alpha \gamma = -1$

が得られる．

　第一の場合 $\begin{pmatrix} \alpha & \beta \\ \gamma & \delta \end{pmatrix} = \pm \begin{pmatrix} 1 & \beta \\ 0 & 1 \end{pmatrix}$ である．ゆえに f' の第二係数 b' は $b + 2\beta a$ に等しい．そして $-a < b,\ b' \leqq a$ より $\beta = 0,\ f' = f$ となる．他の 2 つの場合においても同様，容易に $f' = f$ がわかる，これらの場合行列 $\begin{pmatrix} \alpha & \beta \\ \gamma & \delta \end{pmatrix}$ は必ずしも $\pm \begin{pmatrix} 1 & 0 \\ 0 & 1 \end{pmatrix}$ に等しいとは限らない．何故ならば，簡約形式 $ax^2 + ay^2,\ ax^2 + axy + ay^2$ はそれ以外の自己同型写像をもつからである．

　定値形式に対して問題 c) と d) はまた，全く容易に答えられる．恒等式

$$f(x, y) = a\left(x + \frac{b}{2a}y\right)^2 + \frac{|D|}{4a}y^2$$
$$= \frac{|D|}{4c}x^2 + c\left(\frac{b}{2c}x + y\right)^2$$

により，$f(x, y) = n$ の解に対して当然の評価 $|x| \leqq \sqrt{4nc/|D|}$ および $|y| \leqq \sqrt{4na/|D|}$ が得られる．これで c) の解答が与えられた．そして f は（上記特別な場合を除いて）$\pm Id$ 以外の自己同型写像をもたないから d) は完全に自明なこととなる．

　不定形式の場合，2 つの与えられた形式を互いにうつす行列の係数に対する当然の評価，あるいは与えられた形式による与えられた数の表現を与える x, y に対する評価は得られないから，問題 a)-d) は難しくなる．実際，係数が

§13 簡約理論 **129**

(2) をみたすような形式は，この場合も a) に対する解答をもたらすが，これらの形式の間の同値性を容易に記述することはできないから不満足なものである．a), b) に対する満足な解答を得るために，簡約形式を定義する不等式 (2)，(3) 以外の不等式をえらばなければならない．そのとき，各同値類に対してちょうど 1 つの簡約された代表が必ずしも——定値形式の場合のように——得られるとは限らない（係数に対する不等式によっては完全には到達されない）が簡約形式の間の同値性を完全に記述することはできるのである．結果を定式化するために，すべての不定形式の集合から自分自身への変換 T を

$$(5) \qquad Tf = S_n f, \qquad n \in \mathbf{Z}, \ n > \frac{b+\sqrt{D}}{2a} > n-1$$

により定義する．ここで S_n は (1) と同じ，a, b, c は f の係数であり $\sqrt{D}$ は $D = b^2 - 4ac$ の正の平方根を示す．われわれは

$$(6) \qquad\qquad a > 0, \quad c > 0, \quad b > a+c$$

のとき，不定形式 $ax^2 + bxy + cy^2$ は**簡約された**，という．そのとき次の定理が成り立つ．

定理 1 $D > 0$ かつ D は平方数でないとする．そのとき，判別式 D の簡約形式は有限個しか存在しない．判別式 D の各形式は変換 T を有限回作用させることにより簡約形式にうつされる．変換 T は簡約形式を簡約形式にうつす．よって簡約形式の集合は互いに交わらないサイクルに分割される．簡約形式の間の同値は，T を何回か作用させることにより得られる．とくに 2 つの簡約形式は，それらが同じサイクルに属するとき，かつそのときに限り同値である．——

例 判別式 24 の形式 $x^2 - 6xy + 3y^2$ が，それに -1 を乗じた形式に同値であるかどうかを確定するために，変換 T をくりかえし両形式に作用させる．そうすれば，次ページの図式が得られる．ここで形式 $ax^2 + bxy + cy^2$ を $[a, b, c]$ で表した．また $f \overset{n}{\to} f^*$ は $f^* = Tf = S_n f$ を示す．異なったサイクルを得たから，上の 2 つの形式は非同値である．そのほか，判別式 24 のすべての簡約形式は 2 つのサイクルのうちのどちらかに属することがわかる．したがって $h(24) = 2$ である．

第 II 部　2次体とそのゼータ関数

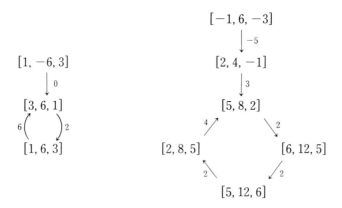

定理の証明　$[a, b, c]$ を簡約形式とし，$k=b-2a$ とする．そのとき
$$D-k^2 = b^2-4ac-(b-2a)^2$$
$$= 4a(b-a-c) > 0$$
である．簡約形式は，したがって

(7) $$\left[a,\ k+2a,\ k+a-\frac{D-k^2}{4a}\right],$$
$$|k| < \sqrt{D},\quad k^2 \equiv D \pmod{4},$$
$$a\left|\frac{D-k^2}{4}\right.,\quad a > \frac{\sqrt{D}-k}{2}$$

の形であり，これらは明らかに有限集合をなす．これで第一の主張が証明された．

さて $f=[a, b, c]$ を判別式 D の任意の形式とし，$Tf=f^*=[a^*, b^*, c^*]$ をその T による像とする．したがって

(8) $$a^* = an^2-bn+c,\quad b^* = 2an-b,\quad c^* = a$$

であり，また

(9) $$\frac{b+\sqrt{D}}{2a} = n-\theta,\quad 0 < \theta < 1$$

である．(9) を (8) に代入すれば

(10) $$a^* = a\theta^2+\theta\sqrt{D},\quad b^* = 2a\theta+\sqrt{D},\quad c^* = a$$

が得られる．これらの第一等式より

$$a \geqq 0 \implies a^* > 0, \quad a < 0 \implies a^* > a$$

が成り立つ. すなわち T を繰り返し作用させることにより a は正の値をとるようになり, その後正のまま残る. $c^*=a$ により c は T をたかだかもう一度作用させることにより正になる. 与えられた数より小さい自然数は有限個しか存在しないから, T を有限回作用させることにより, その次の a^* が $\geqq a$ であるような形式 $f=[a, b, c]$ に達する. この形式に対しては (10) より

$$\begin{aligned} 0 \leqq a^* - a &= \theta\sqrt{D} - a(1-\theta^2) \\ &< (1+\theta)(\sqrt{D} - a(1-\theta)) \\ &= \frac{1+\theta}{1-\theta}(b^* - a^* - c^*) \end{aligned}$$

となる. したがって f の次の f^* は簡約され, 定理の第二の主張が証明された.

第三の主張も同様に証明される. 簡約形式 $f=[a, b, c]$ に対して, すでに $|b-2a| < \sqrt{D}$ であることをみた. したがって

(11)
$$\frac{b+\sqrt{D}}{2a} > 1, \quad \frac{b-\sqrt{D}}{2a} < 1$$

であるから (9) の数 n は少なくとも 2 であり

$$\frac{\sqrt{D}}{a} = n - \theta - \frac{b-\sqrt{D}}{2a} > 1 - \theta$$

が成り立つ. それゆえ,

$$b^* - a^* - c^* = (1-\theta)(\sqrt{D} - a(1-\theta)) > 0.$$

われわれはすでに a^* および c^* が正であることを知っているから $Tf=[a^*, b^*, c^*]$ は簡約形式である. 簡約形式の集合は有限であるから, T の作用の下で, この集合はサイクルに分解する. なお形式の各同値類に対してちょうど 1 つのサイクルが存在することおよび, 同じサイクルに属する簡約形式の間の同値性は, すべて T の重複作用により生ずることを示さなければならない.

$f=[a, b, c]$, $f'=[a', b', c']$ を判別式 D の 2 つの簡約形式とし, $A=\begin{pmatrix} \alpha & \beta \\ \gamma & \delta \end{pmatrix}$ $\in SL_2(\boldsymbol{Z})$ を, f を f' にうつす行列とする. f' の係数に対する公式 (8.6) より

$$a' = f(\alpha, \gamma), \quad c' = f(\beta, \delta),$$

132 第 II 部　2次体とそのゼータ関数

$$a' + c' - b' = f(\alpha - \beta, \gamma - \delta)$$

が得られる. f' は簡約形式であるから, はじめの2つの数は正で最後のもの
は負である. とくに $\gamma \neq \delta$ (さもなければ $f(\alpha - \beta, \gamma - \delta)$ は正となるであろう).
必要ならば A を $-A$ でおきかえることにより

(12)
$$\delta > \gamma$$

としてよい. γ の符号にしたがい, 3つの場合を区別する.

場合 I　$\gamma = 0$ とする. そのとき f' は f に等しく $A = Id$. $1 = \alpha\delta - \beta\gamma = \alpha\delta$
および (12) から $\alpha = \delta = 1$ となる. したがって

$$f(\beta, 1) = f(\beta, \delta) > 0 > f(\alpha - \beta, \gamma - \delta)$$
$$= f(\beta - 1, 1).$$

この不等式から $\beta = 0$ が得られる. 何故ならば, 2次多項式 $\varphi(x)$ に対して,
$\varphi(n-1) < 0 < \varphi(n)$ をみたす整数 n は高々1つしか存在しないからである.

場合 II　$\gamma < 0$ とする. この場合われわれは, f' は T をくりかえし作用さ
せることにより f から生ずること, A は対応する S_n の積であることを主張す
る. すなわち $f^* = S_n f$ ((5) におけるような n) を f の T による像とし

$$A^* = \begin{pmatrix} \alpha^* & \beta^* \\ \gamma^* & \delta^* \end{pmatrix} = S_n^{-1} A = \begin{pmatrix} -\gamma & -\delta \\ \alpha + n\gamma & \beta + n\delta \end{pmatrix}$$

を, f^* を f' にうつす行列とする. 行列 A^* はふたたび (12) をみたす (すなわ
ち $\alpha^* - \beta^* = \delta - \gamma > 0$ であり $f(\alpha^* - \beta^*, \gamma^* - \delta^*) < 0$ により $\alpha^* - \beta^*$ と $\gamma^* - \delta^*$
は反対の符号をもつ). $\gamma < \gamma^* \leq 0$ であることが証明できるならば, われわれの
主張は数学的帰納法により証明される: 列 $\gamma < \gamma^* < \gamma^{**} < \cdots \leq 0$ において, どこ
かの $\gamma^{*\cdots*}$ は 0 でなければならない. そのとき場合 I により $f^{*\cdots*} = f$ であり,
対応する行列 $A^{*\cdots*}$ は単位行列である. したがって不等式 $\gamma < \alpha + n\gamma \leq 0$ すな
わち

(13)
$$n - 1 < \frac{\alpha}{-\gamma} \leq n$$

を証明しなければならない. さて $f(\alpha, \gamma) > 0 > f(\alpha - \beta, \gamma - \delta)$ により, 多項式
$f(x, -1) = ax^2 - bx + c$ は $x = \dfrac{\alpha}{-\gamma}$ に対して正, $x = \dfrac{\alpha - \beta}{-\gamma + \delta}$ に対して負の値

をとる. さらに $\dfrac{\alpha}{-\gamma}$ は $\dfrac{\alpha-\beta}{-\gamma+\delta}$ より大であり $f(x,-1)=0$ の大きい方の解は

これら 2 数の間にある. ゆえに

$$\frac{\alpha-\beta}{-\gamma+\delta} < \frac{b+\sqrt{D}}{2a} < \frac{\alpha}{-\gamma}.$$

$n-1 < \dfrac{b+\sqrt{D}}{2a}$ であるから, これより (13) の第一不等式が導かれる. 第二の

不等式に対しては, $\dfrac{\alpha}{\gamma} > n$, $n > \dfrac{b+\sqrt{D}}{2a}$ より不等式 $\dfrac{\alpha-\beta}{-\gamma+\delta} < n < \dfrac{\alpha}{-\gamma}$ が

導かれることに注意する. したがって $-\alpha\gamma+\beta\gamma < n\gamma(\gamma-\delta) < -\alpha\gamma+\alpha\delta$ であ

りそれは条件 $\alpha\delta-\beta\gamma=1$ に矛盾する.

場合 III $\gamma>0$ とする. この場合, f' から f は T をくり返し作用すること

により生じ (すなわちサイクルを別方向にまわらなければならない), A は対

応する行列 S_n^{-1} の積である, とわれわれは主張する. $A^{-1}=\begin{pmatrix} \delta & -\beta \\ -\gamma & \alpha \end{pmatrix}$ の第

三係数は負であるから A^{-1} が (12) をみたすこと, すなわち $\alpha > -\gamma$ であるこ

とをいえば, われわれの主張は場合 II から直ちに証明される. しかし $\alpha > -\gamma$

も容易である: $\dfrac{\alpha}{-\gamma} < \dfrac{\alpha-\beta}{-\gamma+\delta}$ および $f\left(\dfrac{\alpha}{-\gamma},-1\right) > 0 > f\left(\dfrac{\alpha-\beta}{-\gamma+\delta},-1\right)$ より

$\dfrac{\alpha}{-\gamma}$ は $f(-x,1)=0$ の小さい方の解より小さい. ゆえに (11) を考えて

$$\frac{\alpha}{-\gamma} < \frac{b-\sqrt{D}}{2a} < 1, \qquad \alpha > -\gamma$$

となる. これで定理の最後の主張が証明された. ——

定理 1 とその証明は連分数論と密接に関係する. この関係を次に述べよう.

$n_0, n_1, n_2, \cdots$ を整数とし, $n_1, n_2, \cdots \geqq 2$ とする. $[[n_0, n_1, \cdots, n_s]]$ によって有

限連分数

$$[[n_0, n_1, \cdots, n_s]] = n_0 - \cfrac{1}{n_1 - \cfrac{1}{n_2 - \cfrac{\ddots}{\quad - \cfrac{1}{n_s}}}}$$

を表し, $[[n_0, n_1, n_2, \cdots]]$ により極限

134　第 II 部　2 次体とそのゼータ関数

$$\lim_{s \to \infty}[[n_0, n_1, \cdots, n_s]]$$

を表す．極限の存在は容易に証明される．この極限は実数であり，逆に任意の実数 w は一意的な連分数展開

$$w = [[n_0, n_1, n_2, \cdots]], \qquad n_i \in \mathbf{Z}, \ n_1, n_2, \cdots \geqq 2$$

をもつ．それには $n_0 = [w]+1$, $w_1 = \dfrac{1}{n_0 - w}$ とおき帰納的に $n_i = [w_i]+1$, $w_{i+1} = \dfrac{1}{n_i - w_i}$ とおくのである．よって，実数 w の集合と，数列 $n_0, n_1, \cdots$, ただし $n_0 \in \mathbf{Z}$, $n_1, n_2, \cdots \in \{2, 3, \cdots\}$, の集合の間に 1 対 1 の対応が存在する．この対応の下で，次のことが成り立つ．

i)　$w \in \mathbf{Q} \Longleftrightarrow$ あるところから先のすべての n_i は 2 に等しい．

ii)　w は $\mathbf{Z}$ 係数の 2 次方程式をみたす

$\Longleftrightarrow$ あるところから先の n_i は周期的である（すなわち，$r \geqq 1$ と $i_0 \geqq 0$ が存在してすべての $i \geqq i_0$ に対し $n_{i+r} = n_i$）．

iii)　w は 2 次方程式 $ax^2 - bx + c = 0$ の大きい方の解である（ただし $[a, b, c]$ は正の判別式をもつ簡約 2 次形式である）

$\Longleftrightarrow$ w の連分数展開は純周期的である（すなわち，すべての $i \geqq 0$ に対し $n_{i+r} = n_i$）．──

この第一の主張は容易に証明される（"$\Longleftarrow$" は全く自明である．それは $[[2, 2, 2, \cdots]] = 1$ であるからである）．主張 ii), iii) の "$\Longrightarrow$" は定理 1 に含まれている．すなわち $f = [a, b, c]$ を判別式 $D > 0$ の 2 次形式とし

(14)　　　　　　　$$w = \frac{b + \sqrt{D}}{2a}, \qquad w' = \frac{b - \sqrt{D}}{2a}$$

を $f(x, -1) = 0$ の解とする．$f^* = S_n f$ が変換 T による f の像であり，w^* は w と類似に定義されるとすれば $n = [w]+1$, $w = n - \dfrac{1}{w^*}$ である．これでわれわれは w の連分数展開の "はじまり" を得た．$f_i = [a_i, b_i, c_i]$ $(i \geqq 0)$ を f の T^i による像とする．したがって $f_0 = f$, $f_1 = f^*$, $f_{i+1} = Tf_i = S_{n_i} f_i$, $n_i = \left[\dfrac{b_i + \sqrt{D}}{2a_i}\right] + 1 = [w_i]+1$ である．そのとき，$w_i = n_i - \dfrac{1}{w_{i+1}}$ が成り立ち，した

がって $w=w_0=[[n_0, n_1, n_2, \cdots]]$ となる. 定理1は, f_{i_0} が簡約形式となるような i_0 が存在すること, $i \geqq i_0$ に対する f_i はすべて簡約形式でありあと周期的にくり返されること, したがってとくに, ある r とすべての $i \geqq i_0$ に対し $n_{i+r}=n_i$ であることを主張している. ii), iii) の別方向 "⟸" の主張を証明する前に, 簡約形式の同値性についての定理1の最後の部分が, 連分数の言葉に適切に翻訳されることを注意しておこう. すなわち $A=\begin{pmatrix} \alpha & \beta \\ \gamma & \delta \end{pmatrix}$, $\delta > 0$, $\gamma < 0$, を $SL_2(\boldsymbol{Z})$ の行列とし, 簡約形式 f を簡約形式 f' にうつすとすれば, ある s に対して (上の証明の場合 II を参照)

$$f' = T^{s+1}f, \qquad A = S_{n_0}S_{n_1}\cdots S_{n_s},$$

$$\frac{\alpha}{-\gamma} = [[n_0, n_1, \cdots, n_s]]$$

が成り立つ. 一般的な, すなわち簡約されたとは限らない形式 f に対して, $f(x, 1)=0$ の解 w が連分数展開

(15) $$w = [[n_0, n_1, \cdots, n_{i_0-1}, \overline{n_{i_0}, n_{i_0+1}, \cdots, n_{i_0+r-1}}]]$$

をもつ (ここで $n_{i_0}, \cdots, n_{i_0+r-1}$ の上の横棒は, それらの数がくり返し周期的に現れること, r が最小周期を表すことを示す) ならば, 定理1から, f の自己同型群は

(16) $$U_f = \{\pm S_{n_0}S_{n_1}\cdots S_{n_{j-1}}(S_{n_j}\cdots S_{n_{j+r-1}})^N S_{n_{j-1}}{}^{-1}\cdots S_{n_0}{}^{-1} \mid N \in \boldsymbol{Z}\}$$
$$(\text{ここで } j=i_0)$$

として与えられることがわかる.

さて, 上の主張 ii), iii) の "⟸" の部分を証明しよう. 第一は容易である. すなわち実数 w が連分数展開 (15) をもち, $A=\begin{pmatrix} \alpha & \beta \\ \gamma & \delta \end{pmatrix}$ が集合 (16) に属する $N \neq 0$ の行列 (ゆえに $A \neq \pm Id$) ならば $w=\dfrac{\alpha w-\beta}{-\gamma w+\delta}$ が成り立つ. すなわち w は2次方程式 $\gamma w^2+(\alpha-\delta)w-\beta=0$ の解である. 第二の主張の "⟸" は, 第一のそれと定理1より形式的に導かれるのである. すなわち w が長さ r の純周期的連分数展開をもつ数ならば, w は2次形式 f の根である. 十分大なる N に対して, 定理1により形式 $T^{Nr}f$ は簡約形式であり, w と同じ連分数に

136   第 II 部   2次体とそのゼータ関数

展開される解をもつ．しかしわれわれは，独立な興味のある事実に基づく他の連分数論的証明を与えよう．w を純周期的連分数展開をもつ数，w' をその共役数 (w は 2 次の数であることをわれわれはすでに知っている) とすれば

(17) $$w = [[\overline{n_0, \cdots, n_{r-1}}]], \qquad \frac{1}{w'} = [[\overline{n_{r-1}, \cdots, n_0}]]$$

が成り立つ．$n_i \geqq 2$ により純周期的連分数展開をもつ数 w に対する (17) から，不等式

(18) $$w > 1, \qquad 0 < w' < 1$$

が導かれる．そしてそれは w, w' を根とする 2 次形式が簡約形式であることと同値である ((11) 参照)．(17) を証明するために，数列 $\{n_i\}$ を $n_i + r = n_i$ ($\forall i \in \mathbf{Z}$) により周期的に延長し，すべての i に対して

$$x_i = 1/[[\overline{n_{i-1}, n_{i-2}, \cdots, n_{i-r}}]]$$

とおく．そのとき $\frac{1}{x_{i+1}} = n_i - x_i$ すなわち $x_i = n - \frac{1}{x_{i+1}}$ が成り立つ．ゆえに x_0 は 2 次方程式

$$x_0 = n_0 - \cfrac{1}{n_1 - \cfrac{1}{\ddots \ - \cfrac{1}{n_{r-1} - \cfrac{1}{x_0}}}}$$

をみたす．これはしかし w がみたす方程式と同じものである．x_0 は，$x_0 < 1 < w$ により w と等しくなることはないから $x_0 = w'$ が成り立つ．これが証明したいことであった．

　この節を，2 次形式および，形式による数の表現についての 4 つの問題からはじめた．定値形式の場合にはそれらはすべて容易に解かれた．不定形式に対しては形式の同値類の決定についての 2 つの問題は定理 1 により答えられている．2 つの問題 (1 つの不定形式による自然数の表現の同値類を記述することについての) に対する解答は次の定理により与えられる．それは定理 1 と異なり，文献には見出されないようである．

§13 簡約理論　**137**

定理2　$\{f_1, \cdots, f_r\}$ を，1つの不定形式 f の同値類に属する簡約形式の，定理1において構成されたサイクルとする．n を自然数とする．そのとき f による n の表現のおのおのは，1つそしてただ1つの表現

$$n = f_i(x, y) \qquad 1 \le i \le r, \ x > 0, \ y \ge 0,$$

に同値である．（ここで，異なった形式 f, f' による表現 $n = f(x, y) = f'(x', y')$ が同値であるとは，ある行列が存在して，f を f' に，(x, y) を (x', y') にうつすことをいう．f 自身による n の表現の完全系を得るためには，定理に与えられた表現のおのおのに，f_i を f にうつす変換行列を作用させなければならない．）——

$f_i = [a_i, b_i, c_i]$ の係数は正であり，したがって負でない x, y による表現 $n = f_i(x, y)$ に対して容易な評価 $x \le \sqrt{n/a_i}$，$y \le \sqrt{n/c_i}$ が得られることに注意しよう．ゆえにこのような表現は有限個しか存在しないし，またそれらは効果的[1]に（また容易に）定められる．

証明　f_i を，$f_{i+1} = Tf_i = S_{n_i}f_i$ であるように番号づける．したがって

$$f_i(x, y) = a_i(x + yw_i)(x + yw_i'),$$

$$w_i = \frac{b_i + \sqrt{D}}{2a_i} = [[\overline{n_i, n_{i+1}, \cdots, n_{i+r-1}}]]$$

$$= n_i - \frac{1}{w_{i+1}}$$

である．（ここで i は r を法として理解する．すなわちすべての $i \in \mathbf{Z}$ に対して $f_{i+r} = f_i$，$n_{i+r} = n_i$ および $w_{i+r} = w_i$ である．）一般性を失うことなく，f は $f_0 (= f_r)$ と等しいとしてよい．ある表現

$$n = f(x_0, y_0)$$

から出発して，無限個の同値な表現

(19) $$n = f_i(x_i, y_i) \qquad (i \in \mathbf{Z}),$$

$$\begin{pmatrix} x_i \\ y_i \end{pmatrix} = S_{n_i}\begin{pmatrix} x_{i+1} \\ y_{i+1} \end{pmatrix}$$

が得られる．$\xi_i = x_i + y_i w_i$ とする．そのとき (19) は $n = a_i \xi_i \xi_i'$（ξ_i' は ξ_i の共

---

(1)　実際に計算可能であることをいう．(effective)

138　第 II 部　2次体とそのゼータ関数

役) と同値である. とくに ξ_i と ξ_i' は同じ符号をもち, その符号は

(20)
$$\xi_i = x_i + y_i\left(n_i - \frac{1}{w_{i+1}}\right) = \frac{1}{w_{i+1}}\xi_{i+1}$$

により i に無関係である. $(x, y) \mapsto (-x, -y)$ は f の自己同型であり, われわれは表現の同値類に対してのみ興味をもっているから, これらの符号は正, すなわち, $\xi_i, \xi_i' > 0$ ととることができる. (20) および $w_i > 1 > w_i' > 0$ により

$$\frac{\xi_i}{\xi_i'} < \frac{\xi_{i+1}}{\xi_{i+1}'}, \quad \lim_{i \to \infty} \frac{\xi_i}{\xi_i'} = \infty, \quad \lim_{i \to -\infty} \frac{\xi_i}{\xi_i'} = 0$$

である. したがって

(21)
$$\frac{\xi_i}{\xi_i'} \geqq 1 > \frac{\xi_{i-1}}{\xi_{i-1}'}$$

であるようなちょうど1つの $i \in \mathbf{Z}$ が存在する. しかし $\xi_i - \xi_i'$ は $y_i(w_i - w_i')$ に等しく, $w_i - w_i'$ は正であるから $\xi_i/\xi_i' \geqq 1$ は $y_i \geqq 0$ に同値であり, 対応して $\xi_{i-1}/\xi_{i-1}' < 1$ は $x_i = -y_{i-1} > 0$ に同値である. よって (21) により定義された i に対する $n = f_i(x_i, y_i)$ は, 定理に存在が主張されているところの表現 $n = f(x_0, y_0)$ に同値な表現である. そのような表現の一意性は, (21) における i の一意性および, f の全自己同型群は $-Id$ および $\prod_{i=1}^{r} S_{n_i}$ より生成されるという事実から導かれる. これで定理2は証明された. ——

　定理2の主張は, §8 で考えられた表現数 $R(n, f)$ に対する公式

$$R(n, f) = \sum_{i \pmod r} \sum_{\substack{x, y \\ x > 0, y \geqq 0 \\ f_i(x, y) = n}} 1 \quad (n \in \mathbf{N}) \quad (x, y : 整数)$$

を与える. §10 よりわれわれは $\sum_{n=1}^{\infty} R(n, f) n^{-s} = \zeta(A, s)$ を知っている. ここで A は, そこで設定された対応のもとで形式 f に対応するイデアル類である. ゆえに定理2はまた恒等式

$$\zeta(A, s) = \sum_{i \pmod r} \sum_{\substack{x, y \\ x > 0, y \geqq 0}} \frac{1}{f_i(x, y)^s} \quad (\mathrm{Re}(s) > 1) \quad (x, y : 整数)$$

に同値である. x, y についての条件は, 対称的な条件

$$x \geqq 0, \quad y \geqq 0, \quad (x, y) \neq (0, 0)$$

でおきかえるほうが適切である. 表現 $n = f_i(x, 0)$ と $n = f_{i+1}(0, x)$ とは同値で

あるから $x=0$ または $y=0$ である表現は2重にかぞえられている. 定理2は
したがってディリクレ級数に対する次の定理に同値である.

定理2′　A を実2次体におけるイデアル類とする. そのとき

$$\zeta(A, s) = \sum_f Z_f(s) \qquad (s \in \boldsymbol{C}, \ \mathrm{Re}(s) > 1)$$

が成り立つ. ここで和はイデアル類 A に対応する簡約形式 f のサイクルにわ
たり, $Z_f(s)$ は

$$(22) \qquad Z_f(s) = \sum_{x,y>0} \frac{1}{f(x, y)^s} + \frac{1}{2} \sum_{x>0} \frac{1}{f(x, 0)^s} + \frac{1}{2} \sum_{y>0} \frac{1}{f(0, y)^s}$$

$$(\mathrm{Re}(s) > 1)$$

により定義される. ――

この定理は次の節で $\zeta(A, 0)$ を計算するために用いられる.

問　題

1. 不定形式の広義の同値類に対する'定理1の類似'を証明せよ. ここで "簡
約" は ((17) の代りに) 不等式

$$(23) \qquad w > 1, \ 0 > w' > -1 \qquad \left(w = \frac{b + \sqrt{D}}{2a} \right)$$

により定義され, T は変換

$$(24) \qquad T^+ f = S_m{}^+ f, \qquad S_m{}^+ = \begin{pmatrix} m & -1 \\ -1 & 0 \end{pmatrix},$$

$$m < \frac{b + \sqrt{D}}{2a} < m+1$$

によりおきかえられる. この簡約手続きを定理1のあとに述べた例に対して実
行せよ ($[1, -6, 3]$ と $[-1, 6, -3]$ の同値は広義のものである).

2. 問題1の簡約手続きは w を

$$w = [[m_0, m_1, \cdots]]^+ = m_0 + \cfrac{1}{m_1 + \cfrac{1}{m_2 + \ddots}}$$

$$m_i \in \boldsymbol{Z}, \ i \geq 1 \text{ に対して } m_i \geq 1$$

の形の連分数に展開することと同値であることを示せ. 数列 $\{m_i\}$ は2次の無

140   第 II 部   2 次体とそのゼータ関数

理数 w のおのおのに対して，あるところから先は周期的であり，w が (23) を満たすときに限り純周期的である．

3. 2 つの種類の連分数の間の関係は

$$[[m_0, m_1, m_2, \cdots]]^+$$
$$= [[m_0+1, 2, \cdots, \underbrace{2}_{m_1-1}, m_2+2, \underbrace{2, \cdots, 2}_{m_3-1}, m_4+2, \cdots]]$$

$$(m_i \in \mathbf{Z}, \quad m_1, m_2, \cdots \geqq 1)$$

により与えられることを示せ．

4. 問題 3 を利用して，広義のイデアル類は，それに属する連分数の周期 $[[\overline{m_1, m_2, \cdots, m_s}]]^+$ の長さ s が奇数であるか偶数であるかに従い，狭義のイデアル類に等しいか，あるいは狭義の 2 つの類に分解するかであることを示せ．

5. すべての正の判別式 <30 に対して (狭義および広義で) 簡約形式のサイクルを定めよ．

■

§14 $s=0$ におけるゼータ関数の値，連分数
および類数

この節の目的は次の 2 つの結果の証明である．それらは虚 2 次体の類数と実 2 次無理数の連分数展開の間の関係の，見事な応用として得られる．

定理 1 $f(x, y)$ を正の係数をもつ不定形式とし，$Z_f(s)$ は $\mathrm{Re}(s) > 1$ に対して等式 §13, (22) により定義されたゼータ関数とする．そのとき $Z_f(s)$ は $s=1$ における 1 位の極をのぞいて正則に，半平面 $\mathrm{Re}(s) > -\dfrac{1}{2}$ へ接続され

$$Z_f(0) = \frac{1}{24}\left(\frac{b}{a} + \frac{b}{c} - 6\right)$$

が成り立つ．（ここで $f=[a, b, c]$ である．）

定理 2 A を実 2 次体のイデアル類，$n_1, \cdots, n_r$ $(n_i \geqq 2)$ を A に対応する同値類に属するある 2 次形式の，大きい方の根を連分数展開したときの最小周期

§14 $s=0$ におけるゼータ関数の値，連分数および類数　141

を構成する数とする．そのときイデアル類 A のゼータ関数に対して

$$\zeta(A, 0) = \frac{1}{12}\sum_{i=1}^{r}(n_i-3)$$

が成り立つ．――

定理 2 は，定理 1 および §13 の結果から容易に導かれるものである．すなわち §13 の結果より，（適当な正規化に関し）イデアル類 A に対応する形式の同値類に属する簡約形式は

$$f_i(x, y) = a_ix^2 + b_ixy + c_iy^2,$$

$$\frac{b_i+\sqrt{D}}{2a_i} = [[\overline{n_i, n_{i+1}, \cdots, n_{i+r-1}}]]$$

として与えられる（われわれは番号づけを周期的に延長したものと考える．ゆえに $n_{i+r}=n_i$, $f_{i+r}=f_i$ である）ことがわかる．定理 1 および §13 の定理 2′ から周期性を用いて，

$$\zeta(A, 0) = \sum_{i=1}^{r} Z_{f_i}(0)$$

$$= \frac{1}{24}\sum_{i=1}^{r}\left(\frac{b_i}{a_i}+\frac{b_i}{c_i}-6\right)$$

$$= \frac{1}{24}\sum_{i=1}^{r}\left(\frac{b_i}{a_i}+\frac{b_{i+1}}{c_{i+1}}-6\right)$$

が得られる．$f_{i+1}=S_{n_i}f_i$ により $c_{i+1}=a_i$, $b_{i+1}=2n_ia_i-b_i$ (§13, (1)参照) である．ゆえに $\frac{b_i}{a_i}+\frac{b_{i+1}}{c_{i+1}}=2n_i$. これで定理 2 は証明された．――

われわれは，定理 1 の証明のために，解析接続およびディリクレ級数の特殊値――それは §7 において定理 1（または，f の係数が整とは限らず実数という条件のみの場合にはそれに続く第二の注意で述べた補充）として与えられた――についての一般的な結果を応用する．この定理はわれわれの場合，次のように表される．関数

$$V_f(t) = \sum_{x,y>0} e^{-f(x,y)t}+\frac{1}{2}\sum_{x>0} e^{-f(x,0)t}$$

$$+\frac{1}{2}\sum_{y>0} e^{-f(0,y)t} \qquad (t>0)$$

が $t\to 0$ に対して

142　第 II 部　2次体とそのゼータ関数

$$(1) \qquad V_f(t) \sim \frac{C}{t} + C_0 + C_1 t + \cdots \qquad (t \to 0)$$

の形の漸近展開をもつ場合には，$Z_f(s)$ は $\boldsymbol{C}$ 全体に有理型に解析接続され，$Z_f(s) - \dfrac{C}{s-1}$ は整関数であり $Z_f(-n) = (-1)^n n! C_n \ (\forall n \geqq 0)$ である．その証明から，われわれはとにかく，定理 1 の弱い主張 ($\mathrm{Re}(s) = -\dfrac{1}{2}$ までの解析接続と $s=0$ における値) に対しては，ある C と $C_0 = \dfrac{1}{24}\left(\dfrac{b}{a} + \dfrac{b}{c} - 6\right)$ による弱い漸近公式

$$(2) \qquad V_f(t) = \frac{C}{t} + C_0 + O(t^{\frac{1}{2}})$$

を証明すれば十分であることがわかる．実際 (1) が成り立つが，われわれは $Z_f(0)$ の値に対してのみ興味をもつから弱い結果 (2) で十分である．

　$V_f(t)$ に対する完全な漸近公式を得るために，いわゆるオイラー・マクローランの和公式を用いるか，あるいは，$\displaystyle\sum_{x,y>0} F(x, y)$ の形の和の計算に対する一般的な方式を与える，2変数関数へのその和公式の一般化を用いることができる．しかしわれわれは弱い結果 (2) のみに関心があるから，この和公式の第一項のみを必要とする．そのためわれわれの証明はいささか人工的にならざるを得ない．

　$F(u, v)$ を滑らかな，$u \to \infty, v \to \infty$ に対して非常に小さい，$[0, \infty) \times [0, \infty)$ 上の関数とする．$x, y \geqq 1$ に対して

$$(3) \quad G(x, y) = \frac{1}{4}[F(x, y) + F(x-1, y) + F(x, y-1) + F(x-1, y-1)]$$

$$- \int_{x-1}^{x} \int_{y-1}^{y} F(u, v)\, du dv + \frac{1}{12} \int_{x-1}^{x} [F_v(u, y-1) - F_v(u, y)]\, du$$

$$+ \frac{1}{12} \int_{y-1}^{y} [F_u(x-1, v) - F_u(x, v)]\, dv$$

とおく．ここで $F_u(u, v) = \dfrac{\partial F}{\partial u}(u, v),\ F_v(u, v) = \dfrac{\partial F}{\partial v}(u, v)$ である．この式に現れる係数は，$G(x, y)$ が同時に小さく，特に容易に総和されるようにえらばれている．すなわち $F(u, v)$ を四辺形 $x-1 \leqq u \leqq x,\ y-1 \leqq v \leqq y$ において

§14 $s=0$ におけるゼータ関数の値，連分数および類数　143

テイラー級数に展開すれば，(3) において第 2 次までの F の導関数は消える
のである（すなわち，F が次数 $\leqq 2$ の多項式ならば G は恒等的に 0 となる）．
他方われわれは

$$\sum_{x=1}^{\infty}\sum_{y=1}^{\infty} G(x, y) = \frac{1}{4}F(0, 0)+\frac{1}{2}\sum_{x>0}F(x, 0)+\frac{1}{2}\sum_{y>0}F(0, y)$$

$$+\sum_{x, y>0}F(x, y)-\int_0^{\infty}\int_0^{\infty}F(u, v)\,dudv$$

$$+\frac{1}{12}\int_0^{\infty}F_v(u, 0)\,du+\frac{1}{12}\int_0^{\infty}F_u(0, v)\,dv$$

を得る．この公式を関数 $F_t(u, v)=e^{-f(u,v)t}$ に応用すれば対応する関数 G_t に
対して

$$\sum_{x, y>0} G_t(x, y) = \frac{1}{4}+V_f(t)-\int_0^{\infty}\int_0^{\infty}e^{-f(u,v)t}dudv$$

$$-\frac{bt}{12}\Big(\int_0^{\infty}ue^{-au^2t}du+\int_0^{\infty}ve^{-cv^2t}dv\Big)$$

$$= V_f(t)-\frac{C}{t}-C_0$$

が得られる．ここで $C=\int_0^{\infty}\int_0^{\infty}e^{-f(u,v)}dudv$ および $C_0=\frac{1}{24}\Big(\frac{b}{a}+\frac{b}{c}\Big)-\frac{1}{4}$ であ
る．(2) を証明するためにはなお $t\to 0$ に対して $\sum_{x, y>0} G_t(x, y)=O(t^{-\frac{1}{2}})$ である
ことを示さなければならない．

　このことはしかし容易に示される．(2 変数の) テイラー展開により，固定
された $x, y\geqq 1$ に対して，分解 $F=P+\tilde{F}$ を得る．ここで P は u, v に関する
次数 $\leqq 2$ の多項式であり，$\tilde{F}$ はその 2 つの第 1 次導関数と同様，四辺形 $x-1$
$\leqq u\leqq x$，$y-1\leqq v\leqq y$ において

$$M_F^{(3)}(x, y) = \mathop{\mathrm{Max}}_{\substack{x-1\leqq u\leqq x \\ y-1\leqq v\leqq y}} \mathop{\mathrm{Max}}_{0\leqq i\leqq 3}\Big|\frac{\partial^3 F(u, v)}{\partial u^i\partial v^{3-i}}\Big|$$

の定数倍によっておさえられる．（P としてたとえば F の点 $\Big(x-\frac{1}{2}, y-\frac{1}{2}\Big)$
におけるテイラー展開の 2 次の部分をとれば，上記四辺形において $|\tilde{F}|\leqq$
$\frac{1}{6}M_F^{(3)}$，$|\tilde{F}_u|, |\tilde{F}_v|\leqq\frac{1}{2}M_F^{(3)}$ が成り立つ．）他方，すでに注意したように，式

144 　第 II 部　2 次体とそのゼータ関数

(3) はそれが 2 次多項式に対して消えるように調整される．（読者は次数 $\leqq 2$ の 6 個の項に対して計算を実行することによりこのことを直ちに確認することができる．$F(u, v)=u^2$ に対して $G(x, y)=\frac{1}{2}[x^2+(x-1)^2]-\frac{1}{3}[x^3-(x-1)^3]+\frac{1}{6}[(x-1)-x]=0$ である．実際容易に確かめられるように，次数 $\leqq 3$ のすべての多項式 F に対して G は消える．この強い主張は $O(t^{\frac{1}{2}})$ の代りに $O(t)$ を用いた式 (2) および Z_f の $\mathrm{Re}(s)=-1$ までの解析接続をもたらす．）これより $G(x, y)$ もまた $M_F{}^{(3)}(x, y)$ の定数倍（P を上のようにとれば $\frac{1}{2}$）でおさえられる．これを特別な関数 $F_t(u, v)=e^{-f(u,v)t}=F_1(u\sqrt{t}, v\sqrt{t})$ に応用する．そのとき F_1 の第 3 次導関数は

$$(u, v \text{ に関する次数 } \leqq 3 \text{ の多項式}) \times F_1$$

の形である．よって F_t のそれは

$$t^{\frac{3}{2}} \times (u\sqrt{t}, v\sqrt{t} \text{ に関する次数 } \leqq 3 \text{ の多項式}) \times F_t$$

の形であり，f にのみ依存する定数 K により

$$M_{F_t}{}^{(3)}(x, y) \leqq K \max_{i+j \leqq 3} x^i y^j t^{\frac{3+i+j}{2}} e^{-f(x-1,y-1)t}$$

が成り立つ．しかし，このとき

$$t^{\frac{3}{2}+\frac{i+j}{2}} \sum_{x,y>0} x^i y^j e^{-f(x-1,y-1)t}$$
$$= O\left(t^{\frac{3}{2}+\frac{i+j}{2}} \int_0^\infty \int_0^\infty x^i y^j e^{-f(x,y)t} dx dy \right) = O(t^{\frac{1}{2}})$$

である．これで定理 1 は証明された．――

　われわれは，純粋に数論的な結果――その証明には，この本で展開されたすべての代数的，解析的補助手段が用いられる――をもってこの本を終ることにしよう．

　定理 3　p を $\equiv 3 \,(\mathrm{mod}\, 4)$，$p \neq 3$，である素数，

§14 $s=0$ におけるゼータ関数の値,連分数および類数　　**145**

$$\sqrt{p} = n_0 - \cfrac{1}{n_1 - \cfrac{1}{n_2 - \cfrac{1}{\ddots\, - \cfrac{1}{n_r - \cfrac{1}{n_1 - \cfrac{1}{n_2 - \ddots}}}}}}$$

最小周期

を $\sqrt{p}$ の連分数展開とし,$\boldsymbol{Q}(\sqrt{p})$ の広義の類数は1であるとする.そのとき $\boldsymbol{Q}(\sqrt{-p})$ の類数は $\dfrac{1}{3}(n_1 + \cdots + n_r) - r$ に等しい.——

　定理の応用例を挙げれば

$$\sqrt{7} = [[3, \overline{3, 6}]], \qquad h(-7) = \frac{1}{3}(3+6) - 2 = 1,$$

$$\sqrt{11} = [[4, \overline{2, 2, 8}]], \qquad h(-11) = \frac{1}{3}(2+2+8) - 3 = 1,$$

$$\sqrt{163} = [[13, \overline{5, 2, 2, 4, 3, 2, 2, 2, 2, 2, 2, 3, 2, 2, 2, 2, 2, 2, 2, 2, 2,}$$
$$\overline{3, 2, 2, 2, 2, 2, 2, 3, 4, 2, 2, 5, 26}]]$$

$$h(-163) = \frac{1}{3}(5+2+2+4+3+6\times2+3+10\times2+3+6\times2$$
$$+3+4+2+2+5+26) - 35 = 1$$

である.§9で説明したように,素数 163 は $h(-p)=1$ である最大の素数である.それに反し2次体 $\boldsymbol{Q}(\sqrt{+p})$ で類数1のものは無限に存在すると予想されている.何千もの素数 $p \equiv 3 \pmod 4$ に対して $h(p)=1$ であり,したがって定理は空虚なものではない.$\sqrt{p}$ の連分数展開が定理に主張された形をもつ(それゆえ第一項から純周期的で,さらに $n_r = 2n_0$ である)ことは,数 $w = \sqrt{p} + n_0 = \sqrt{p} + [\sqrt{p}] + 1$ で §13 の不等式 (18) をみたすことからわかる.

　定理の証明　定理2を種の指標に応用する.χ を実2次体 K の(狭義の)イデアル類群 C 上の指標とすれば,定理2は L 級数

$$L_K(s, \chi) = \sum_{\mathfrak{a}} \frac{\chi(\mathfrak{a})}{N(\mathfrak{a})^s} = \sum_{A \in C} \chi(A)\, \zeta(A, s) \qquad (\mathrm{Re}(s) > 1)$$

の,一点をのぞいた半平面 $\{s \in \boldsymbol{C} \mid \mathrm{Re}(s) > -\dfrac{1}{2},\ s \neq 1\}$ への解析接続を許し,

146   第 II 部　2次体とそのゼータ関数

その $s=0$ における値を有限和

$$(4) \qquad L_K(0, \chi) = \frac{1}{12}\sum_{A \in C}\chi(A)\sum_{i=1}^{r(A)}(n_i(A)-3)$$

として与える．ここで $\{n_i(A)\}_{1 \leq i \leq r(A)}$ は A に属するサイクルである．しかし χ が種の指標ならばすでにわれわれは $L_K(0, \chi)$ に対する表現を得ている．§12 の主定理により，χ は K の判別式の，2つの判別式 D', D'' の積としての分解に対応し，$L_K(s, \chi)=L_{D'}(s)L_{D''}(s)$ が成り立つ．他方 $L_{D'}(0), L_{D''}(0)$ は §7 において計算されている．D' および D'' が正の場合，§7 の系より $L_{D'}(0), L_{D''}(0)$ のうちの少なくとも1つは0である（D' および D'' が1に等しくない場合は，ともに0である）．そして $L_K(0, \chi)=0$ を得る．（これはまた (4) からも得られる．何故ならばこの場合，$\theta \in C$ を，$N(\lambda)<0$ である単項イデアル (λ) から生ずるイデアル類とすれば，$\chi(\theta) = +1$ が成り立ち，したがって $\chi(A\theta)=\chi(A)$ であるからである．しかし A を θA に変えるとき，不変量 $\sum_{i=1}^{r(A)}(n_i(A)-3)$ は符号を変える．問題3をみよ．）それに反し D' および D'' が負の場合には，§7 の等式 (8) と §9 の等式 (9)（定理3）より

$$L_{D'}(0) = -\frac{1}{|D'|}\sum_{n=1}^{|D'|-1}\chi_{D'}(n)\,n = \frac{h(D')}{\frac{1}{2}w(D')}$$

が得られる．ここで $h(D')$ は類数であり

$$w(D') = \begin{cases} 6 & (D'=-3), \\ 4 & (D'=-4), \\ 2 & (D'<-4) \end{cases}$$

は体 $\boldsymbol{Q}(\sqrt{D'})$ の単数の個数である．ゆえに

$$(5) \qquad L_K(0, \chi) = \frac{h(D')}{\frac{1}{2}w(D')}\frac{h(D'')}{\frac{1}{2}w(D'')}.$$

(4) および (5) の右辺が等しいということが定理3の本質的な内容であってそこで与えられている表現は，とくに簡単な特殊な場合を示しているにすぎない．それを導くために，われわれはまず定理のような p に対して，$\boldsymbol{Q}(\sqrt{p})$ の判別式は $4p$ に等しく，狭義のイデアル類は2に等しいことに注意する．（仮定

§14 $s=0$ におけるゼータ関数の値，連分数および類数 **147**

より $h_0(p)=1$ であり $h=h_0$ または $h=2h_0$ は常に成り立つ．ここで $h=h_0$ の可能性は，$p\equiv3\pmod4$ に対するペル方程式 $x^2-py^2=-4$ が解をもたないことから，あるいはまた，$h(4p)$ が§12の系によって偶数でなければならないことから排除される．) $E(=$単項類$)$ と θ をこのイデアル類群の元とする．この群に対してはただ2つの指標，すなわち，自明な指標 χ_0 および $\chi_1(E)=1$，$\chi_1(\theta)=-1$ である指標 χ_1 が存在する．§12の主定理により，分解 $4p=1\times4p$，$4p=-4\times(-p)$ に対する2つの種の指標が存在する．これらはそれぞれ χ_0，χ_1 でなければならない．そうして

$$\zeta(E,s)+\zeta(\theta,s)=L_K(s,\chi_0)=\zeta(s)L_{4p}(s),$$
$$\zeta(E,s)-\zeta(\theta,s)=L_K(s,\chi_1)=L_{-4}(s)L_{-p}(s)$$

が得られるが，すでに述べたことにより

$$\zeta(E,0)+\zeta(\theta,0)=0,$$
$$\zeta(E,0)-\zeta(\theta,0)=\frac{h(-4)}{\frac{1}{2}\times4}\times\frac{h(-p)}{\frac{1}{2}w(-p)}=\frac{1}{2}h(-p)$$

である（ここで $p\neq3$ が必要!）．したがって $h(-p)=4\zeta(E,0)$ が成り立ち，定理2によりこれは $\frac{1}{3}\sum_{i=1}^{r}(n_i-3)$ に等しい．ここで n_i は定理3の主張に現れたものである．これで定理3の証明は最終段階に達した．§9，定理3に続く注意を考えれば，符号をのぞいて (5) が実際正しいことがわかる．（ガウスの和の符号はここでは定めていない．）よって同じことはまた定理3の公式に対しても成り立つ．しかし類数はその性質上正であるからそれで十分である．われわれは $\frac{1}{3}\sum_{i=1}^{r}n_i-r$ に絶対値記号をつけることにより定理の美しさを傷つけたくない．

問　題

1. $Z_f(s)$ $(f=ax^2+bxy+cy^2,\ a,b,c>0,\ D=b^2-4ac>0)$ の $s=1$ における留数は $\frac{1}{2\sqrt{D}}\log\frac{w}{w'}$ に等しいことを示せ．ここで $w,w'=\frac{b\pm\sqrt{D}}{2a}$ は $ax^2-bx+c=0$ の根である．

148   第 II 部 2 次体とそのゼータ関数

2. A を実 2 次体 K のイデアル類, $w_1, \cdots, w_r$ を対応するサイクルに属する簡約形式の大きい方の根とする. このとき $\prod_{i=1}^{r} w_i = \varepsilon$ を示せ. ここで ε はノルムが $+1$ である K の基本単数を示す. 問題 1 と §13 の定理 2′ とを合わせればこれは §11, 定理 2 の新しい証明を与える.

3. x を連分数展開

$$x = [[a_1+3, \underbrace{2, \cdots, 2}_{a_2}, a_3+3, \underbrace{2, \cdots, 2}_{a_4}, \cdots]]$$

$$(a_i \geqq 0)$$

をもつ実数とする. 数 $\dfrac{x-1}{x-2}$ は連分数展開

$$\frac{x-1}{x-2} = [[\underbrace{2, \cdots, 2}_{a_1}, a_2+3, \underbrace{2, \cdots, 2}_{a_3}, a_4+3, \cdots]]$$

をもつこと, この結果と定理 2 から等式

$$\zeta(A, 0) = -\zeta(A\theta, 0)$$

が導かれることを示せ. ここで A は実 2 次体 K の狭義のイデアル類であり, $A\theta$ は, すべてのイデアル

$$(\lambda)\mathfrak{a} \qquad (\mathfrak{a} \in A, \ \lambda \in K, \ N(\lambda) < 0)$$

から生ずるイデアル類を示す. とくに, 広義のイデアル類が狭義のものと一致するとき, すなわち K がノルム -1 の単数をもつとき, すべての A に対して $\zeta(A, 0)$ は消える.

第 II 部への文献

この書の第 II 部で展開された理論のほとんどすべては，（少なくとも原理において）ガウスの Disquisitiones Arithmeticae[1]（数論講義）にさかのぼる．そのドイツ語訳は論文 Über den Zusammenhang zwischen der Anzahl der Klassen, in welche die binären Formen zweiten Grades zerfallen, und ihrer Determinante とともに

C. F. Gauß : Untersuchungen über höhere Arithmetik, Göttingen 1889 (Chelsea 1965)

に収録されている．何はおいてもそれを読むべきである．この理論の各部分の現代的な取り扱いは

S. I. Borewicz, I. R. Šafarevič : Zahlentheorie [2], Birkhäuser Verlag, Basel und Stuttgart, 1966（整数論上下，佐々木義雄訳，吉岡書店）

E. Hecke : Vorlesungen über die Theorie der algebraischen Zahlen[3], Leipzig 1923 (Chelsea 1970)

E. Landau : Vorlesungen über Zahlentheorie (3 巻), Leipzig 1927 (Chelsea 1969)

A. Scholz, B. Schoeneberg : Einführung in die Zahlentheorie, Göschen 文庫，第 1131 巻，Walter de Gruyter, Berlin 1961

および，第 I 部の終りに挙げた Davenport, Siegel（第II部）の本に見られる．実際，個々には次表のようになる．

簡約理論とその周期連分数との関係もまたガウスにもどる（art. 183-205, Disquisitiones）．それはまた Scholz-Schoeneberg の §§ 31-32 にも扱われている．この本で与えた表現（§ 13）は従来のものとは異なっている．

---

(1)　英訳 (Springer) がある.

(2)　英訳 (Academic Press) もある.

(3)　英訳 (Springer) がある.

	2次形式 (§8)	類数公式 (§§8,9)	2次体との関係 (§§10,11)	種の理論 (§12)
Borewicz Šafarewič	Kap.II, §7	Kap.V, §4	Kap.III, §8	Kap.III, §8.4
Davenport	§§5-6	§1,§6		
Gauß	Disq.Arith. Art.153-308	De nexu inter multitudinem		Disq.Arith. Art.228-287
Hecke		§§50-52	§§29,44-45,53	§§47-48
Landau	4.Teil Kap.1-4	4.Teil Kap.5-9	11.Teil	
Scholz- Schoeneberg	Kap.IV			
Siegel		§§13-14		§§24-25

§13 の終りに触れた，実2次体のイデアル類のゼータ関数を簡約理論を用い
て分解する方法は

D. Zagier: A Kronecker limit formula for real quadratic fields, Math.
Ann. 213(1975) 153-184

で導入され，またこのゼータ関数の $s=0$ における値の計算への簡約理論の応
用は

D. Zagier: Valeurs des fonction zêta des corps quadratiques réels aux
entiers négatifs, Journées Arithmétiques de Caen, Astérisque 41-42
(1977) 135-151

に与えられている．そこではまた負の整数に対する値も定められている．この
ような方法を，任意の総実な体に対するゼータ関数へ拡張することについては

T. Shintani: On evaluation of zeta functions of totally real algebraic
number fields at non-positive integers, J. Fac. Sci. U. Tokyo 23 (1976)
393-417

を見よ.

2次体の場合の $\zeta(A, 0)$ の値は,すでに C. Meyer の仕事によって知られている.それを彼は,Hecke にさかのぼる $\zeta(A, s)$ の積分表示を用いて,いわゆるデデキントの和で表した.この仕事については上述の論文 A Kronecker limit formula… および

C. L. Siegel: Lectures on advanced analytic number theory, Tata Institute, Bombay 1961

の第1章に報告されている.Meyer の公式に現れるデデキントの和と連分数との関係は F. Hirzebruch と著者により注意された.とくに §14, 定理3は Meyer の定理の系として Hirzebruch により発見された.これについては,報告

D. Zagier: Nombres de classes et fractions continues, Journées Arithmétiques de Bordeaux, Astérisque 24-25 (1975) 81-97

を見よ.

略解またはヒント

■

本文を読み，本文に沿って（真似をして）ゆけば解答できる問題であるから，ここでは簡単に触れるにとどめる．発展的問題については，それぞれ問題のあとにヒントが与えられているから，略解は省略する．

§1

1. $\sigma_0 > 0$ より $\sigma > 0$．$|A(N)| < 2CN^\sigma$ の証明．

2. 交代級数の収束判定法．

3. 定理2の応用．

（注 $\sum a_n e^{-s\lambda_n}$, $\sum |a_n| e^{-s\lambda_n}$ の収束軸をそれぞれ σ_0, σ_1 とすれば

$$0 \leq \sigma_1 - \sigma_0 \leq \overline{\lim} \frac{\log n}{\lambda_n}$$

が成り立つ．）

4. $\dfrac{\log 3}{\log 2}$ については (13) と比べよ．$k \neq 0$, $l \neq 0$, $1 + \dfrac{l \cdot 2\pi i}{\log 3} = 1 + \dfrac{k \cdot 2\pi i}{\log 2}$ ならば $\dfrac{\log 2}{\log 3} = \dfrac{k}{l} \in \mathbf{Q}$．矛盾．

§2

1. $\displaystyle\sum_{d|n} \mu\left(\frac{n}{d}\right) f(d) = \sum_{d|n} \mu\left(\frac{n}{d}\right) \sum_{\delta|d} g(\delta) = \sum_{\delta|n} \left\{ g(\delta) \sum_{\delta|\frac{n}{\delta}} \mu(\delta') \right\} = g(n)$．逆も同様．

（注 整数論的関数の集合に合成積を導入して可換環となし，そこでの逆元と関係づける証明は [片山孝次：代数学入門 (新曜社)] を見よ．多変数のメービウス関数については [草場公邦：行列特論 (裳華房)] を見よ．

2. $\displaystyle\sum_{n=1}^{\infty} \frac{d(n)}{n^s} = \zeta(s)^2$ の収束軸は $\sigma_0 = 1$．一方

$$\sigma_0 = \varlimsup \frac{\log\left|\sum_{n=1}^{N} d(n)\right|}{\log N} = \inf\left\{a \;\middle|\; \sum_{n \leq N} d(n) = O(N^a)\right\}.$$

3. $a^{\omega(n)}, d(n^a)$ はともに乗法的,ゆえに p 部分 $\left(\sum_{n=1} \dfrac{f(n)}{n^s}\right.$ に対し $\left.\sum_{r=1} \dfrac{f(p^r)}{p^{rs}}\right.$ をその p 部分という)について証明すればよい.

4. 収束軸は上から順に $1, 1, 2, 1, 2, k+1, 1, 1, 1, 1, 1, k+l+1$. オイラー積は p 部分をみよ.

5. $a=0$ ならば $\zeta(s)$,$a=1$ ならば $\zeta(s)\zeta(2s)\zeta(3s)/\zeta(6s)$. 一般に p 部分は

$$\frac{1+(a-2)p^{-s}+p^{-2s}}{(1-p^{-s})^2}$$

で,$a=4, 3, 2$ ならば分子は因数分解できる.$a \geq 5$ ならばできない.$a=4, 3, 2$ にしたがい,

$$\zeta(s)^4/\zeta(2s)^2, \qquad \zeta(s)^3/\zeta(3s), \qquad \zeta(s)^2\zeta(2s)/\zeta(4s).$$

6. $\prod_{i=1}^{N} \zeta(a_i s + b_i)^{c_i}$ のオイラー積を考えよ.

7. $g(n)$ は n を素数べきの積として表す方法の数に等しい.

$\left(g(p^r) = P(r)\right.$: r の分割個数.$\prod_{m=1}^{\infty}(1-x^m)^{-1} = \sum_{n=0}^{\infty} P(n)x^n$,$P(0)=1$,に注意.$\left.\right)$

§3

1. $a_n = 1 + \dfrac{1}{2} + \cdots + \dfrac{1}{n} - \log n$ とおくと $\{a_n\}$ は単調減少,下に有界,ゆえに収束.順序交換はワイエルストラスの二重級数定理による.([高木貞治:解析概論(岩波書店)],定理 58,p. 216)

2. ルジャンドルの倍積公式の証明を真似よ.

$$C_n = \lim_{N \to \infty}\left(n^{nN} N^{\frac{n-1}{2}} \frac{\{(N-1)!\}^n}{(nN-1)!}\right).$$

3. $\dfrac{\Gamma(s+n+1)}{(s+n-1)(s+n-2)\cdots s} = (s+n)\Gamma(s)$ において $s \to -n$ として,$\Gamma(s)$ の $s=-n$ における留数は $\dfrac{(-1)^n}{n!}$.

4. (13) で $s=\dfrac{1}{2}$ とおき,$\Gamma\left(\dfrac{1}{2}\right) > 0$ に注意.(15) で $t=u^2$ とおき,

$\Gamma\left(\dfrac{1}{2}\right)=\sqrt{\pi}$ を用いる.

5. C_n の計算は $n^{nN}N^{\frac{n-1}{2}}\dfrac{\{(N-1)!\}^n}{(nN-1)!}$ に, $(n-1)!\sim\sqrt{2\pi}N^{N-\frac{1}{2}}e^{-N}$ および,

$(nN-1)!\sim\sqrt{2\pi}(nN)^{nN-\frac{1}{2}}e^{-nN}$ を代入すればよい.

6. 第一の等式は $\left(1-\dfrac{t}{N}\right)^N$ の2項展開. 第二の等式は, 両辺を N^s で割っ

て, 極と留数を比べる.

$\displaystyle\int_0^\infty e^{-t}t^{s-1}dt\ (s>0)$ は収束. ([高木:上掲書], p. 108). ゆえに

$$\lim_{N\to\infty}\int_N^\infty e^{-t}t^{s-1}dt = 0, \ \text{また}\ 0\le e^{-t}-\left(1-\frac{t}{N}\right)^N\le N^{-1}t^2e^{-t}.$$

ゆえに

$$\left|\int_0^N\left\{e^{-t}-\left(1-\frac{t}{N}\right)^N\right\}t^{s-1}dt\right|$$

$$\le \int_0^N N^{-1}e^{-t}t^{s+1}dt < N^{-1}\int_0^\infty e^{-t}t^{s+1}dt \longrightarrow 0.$$

§4

1. a) $n\equiv 1; -1; 0, 2 \pmod 4$ にしたがい, $\chi(n)=1; -1; 0, 0$ とおくと

$$L(s) = \sum_{n=1}^\infty \frac{\chi(n)}{n^s} = \frac{1}{\Gamma(s)}\int_0^\infty (\textstyle\sum\chi(n)\,e^{-nt})\,t^{s-1}dt,$$

$$\sum\chi(n)\,e^{-nt} = e^{-t}\sum_{n=0}e^{-4nt}-e^t\sum_{n=1}e^{-4nt} = \frac{1}{e^t+e^{-t}}.$$

b) $\zeta(s)$ の場合と同様. ただし極はない.

c), d) a) の結果を用いて, 本文の $\zeta(-k),\zeta(2n)$ の計算を真似よ.

2. a) $\sigma>1$ に対して. (3) で $\displaystyle\int_0^\infty=\int_0^1+\int_1^\infty$ と分け, $\displaystyle\int_0^1$ の被積分関数を

$\left(\dfrac{1}{e^x-1}-\dfrac{1}{x}+\dfrac{1}{x}\right)x^{s-1}$ と変形する.

$0<\sigma<1$ に対して. $\displaystyle\int_1^\infty$ の部分の被積分関数を同様に変形する.

b) $\displaystyle\int_0^\infty=\int_0^1+\int_1^\infty$. $\displaystyle\int_0^1$ の部分の被積分関数を $\left(\dfrac{1}{e^x-1}-\dfrac{1}{x}+\dfrac{1}{2}-\dfrac{1}{2}\right)x^{s-1}$

略解またはヒント　**155**

と変形する．さらに $-1<\sigma<0$ に対して $\int_1^\infty$ の部分の被積分関数を同様に変形する．

d)　$t=\dfrac{x}{4u\pi}$.

3. オイラー・マクローランの和公式（§7，問題5参照）

$$\sum_{y<n\le x}f(n) = \int_y^x f(t)\,dt+\int_y^x(t-[t])f'(t)\,dt$$
$$+f(x)([x]-x)-f(y)([y]-y)$$

（$[y,x]$, $0\le y<x$, で連続な f' をもつ f に対して成り立つ．）

において，$f(t)=(t+1)^{-s}$, $x,y\in\boldsymbol{Z}$, ととれば

$$\sum_{y<n\le x}\frac{1}{(n+1)^s} = \int_y^x\frac{dt}{(t+1)^s}-s\int_y^x\frac{t-[t]}{(t+1)^{s+1}}dt.$$

$y=0$ とし，$x\to\infty$ とすれば

$$\zeta(s)-1 = \frac{1}{s-1}-s\int_0^\infty\frac{t-[t]}{(t+1)^{s+1}}dt.$$

ここで最後の積分は

$$\sum_{n=0}^\infty\int_n^{n+1}\frac{x-n}{(x+1)^{s+1}}dx = \sum_{n=0}^\infty\int_0^1\frac{u}{(u+n+1)^{s+1}}du$$

に等しい．あと部分積分を繰り返せ．

4. 上記オイラー・マクローランの公式で，$y=k$, $x=l$, $k,l\in\boldsymbol{N}$, ととり $B(t)=t-[t]-\dfrac{1}{2}$ とおけば

$$\sum_{n=k}^l f(n) = \frac{f(k)+f(l)}{2}+\int_k^l f(t)\,dt+\int_k^l B(t)f'(t)\,dt.$$

$f(x)=x^{-s}$ ととれば

$$\sum_{n=k}^l n^{-s} = \frac{k^{-s}+l^{-s}}{2}+\int_k^l x^{-s}dx-s\int_k^l B(x)x^{-s-1}dx.$$

$s=1, k=1$ とすれば

$$\sum_{n=1}^l\frac{1}{n}-\log l = \frac{1+l^{-1}}{2}-\int_1^l B(x)x^{-2}dx.$$

$l\to\infty$ として

$$\gamma = \frac{1}{2} - \int_1^\infty \frac{B(x)}{x^2} dx.$$

$k=1$ ととり $l\to\infty$ とすれば $(s=\sigma+it,\ \sigma>1)$

$$\zeta(s) - \frac{1}{s-1} = \frac{1}{2} - s\int_1^\infty B(x)\, x^{-s-1} dx.$$

ここで $s\to1$ とすればよい.

§5　([片山孝次:整数論入門(実教出版)] 参照)

1. a)　$r=1$ ならば $\boldsymbol{Z}/p\boldsymbol{Z}$ は有限体. ゆえにその乗法群 $(\boldsymbol{Z}/p\boldsymbol{Z})^\times$ は巡回群. その生成元を a とする.

$a^{p-1}=1+kp,\ (k,p)=1,$ ならば p^{r-1} 乗してはじめて $a^{(p-1)p^{r-1}}\equiv1\ (\mathrm{mod}\ p^r)$ になる. $a^{p-1}=1+kp^t,\ t>1,\ (k,p)=1,$ ならば a の代りに $a+p$ をとれ.

$(1+kp)^{p^h}=1+k^{(h)}p^{h+1},\ (p,k^{(k)})=1,$ に注意.

b)　$n\equiv1\ (\mathrm{mod}\ 8)$ ならば $x=1,3,5,7$ は $x^2\equiv n\ (\mathrm{mod}\ 8)$ の解. 次に $x^2\equiv n$ $(\mathrm{mod}\ 2^r)$ $(r\geq3)$ の解から $x^2\equiv n\ (\mathrm{mod}\ 2^{r+1})$ の解が構成できることを示せ.

$e>1$ ならば $(1+2^e k)^2=1+2^{e+1}k',\ (k,2)=(k',2)=1,$ に注意.

2. $(\boldsymbol{Z}/p^r\boldsymbol{Z})^\times$ の生成元を a とすれば, $\boldsymbol{Z}\ni\alpha$ に対し $\alpha\equiv a^k\ (\mathrm{mod}\ p^r)$ となる k が $\mathrm{mod}\ \varphi(p^r)$ で一意的に定まる.

前問より $g=1+2^2k,\ (2,k)=1,$ は 2^{r-2} 乗してはじめて $\equiv1\ (\mathrm{mod}\ 2^r)$. $k=1$ ととって $g=5$ はこのような数であり, 2^{r-2} 個の $5^\beta,\ \beta=0,1,\cdots,2^{r-2}-1,$ は $\mathrm{mod}\ 2^r$ に関し, 奇数の半分を代表. 他の半分は $(-1)5^\beta$ が代表する. すなわち $(-1)^\alpha 5^\beta,\ \alpha=0,1,\ \beta=0,1,\cdots,2^{r-2}-1,$ が $\mathrm{mod}\ 2^r$ ですべての奇数を代表する. $(\boldsymbol{Z}/2^r\boldsymbol{Z})^\times\ni\nu$ に対し $\nu\equiv(-1)^\alpha 5^\beta\ (\mathrm{mod}\ 2^r)$ となる (α,β) が一意的に定まる. 対応 $\nu\to(\alpha,\beta)$ を考えよ.

$\chi=\chi_1\cdots\chi_t$ とすれば

　　χ：原始的 $\Longleftrightarrow \chi_i,\ i=1,\cdots,t,$ 原始的

　　χ：非原始的 $\mathrm{mod}\ p^r$

　　　　$\Longleftrightarrow \chi$ は $\mathrm{mod}\ p^r$ の約数の1つを mod とする指標より誘導される.

　　　　$\Longleftrightarrow \chi$ は $\mathrm{mod}\ p^{r-1}$ の指標より誘導される.

p：奇素数. $r\geq2,\ h=0,1,\cdots,\varphi(p^r)-1,\ \alpha\equiv a^{k(\alpha)}\ \ (\mathrm{mod}\ p^r),\ 0\leq k(\alpha)<\varphi(p^r),$

$$\chi_h(\alpha) = \begin{cases} e^{2\pi i k(\alpha)h/\varphi(p^r)} & p \nmid \alpha, \\ 0 & p \mid \alpha \end{cases}$$

とおけば

$$\chi_h : \text{原始的} \iff p \nmid h.$$

ゆえに, $(p-1)^2 p^{r-1}$ 個.

$r \geqq 3$, 奇数の $\nu \equiv (-1)^{a(\nu)} 5^{\beta(\nu)} \pmod{2^r}$ である.

$$\chi_1(\nu) = \begin{cases} (-1)^{a(\nu)} & 2 \nmid \nu, \\ 0 & 2 \mid \nu, \end{cases} \qquad \chi_2(\nu) = \begin{cases} e^{2\pi i \beta(\nu)/2^{r-2}} & 2 \nmid \nu, \\ 0 & 2 \mid \nu, \end{cases}$$

$$\chi_{a,c}(\nu) = \chi_1{}^a(\nu) \chi_2{}^c(\nu), \qquad a = 1, 2, \quad c = 1, 2, \cdots, \varphi(2^r)/2$$

とおけば

$$\chi_{a,c} : \text{原始的} \iff 2 \nmid c.$$

ゆえに $\varphi(2^r)/2$ 個.

$$\text{mod } N \text{ の原始的指標の個数} = \frac{\varphi(2^r)}{2} \prod_{i=1}^{k} (p_i - 1)^2 p_i{}^{r_i-1}$$

$$(N = 2^r \cdot p_1{}^{r_1} \cdots p_k{}^{r_k})$$

3. mod 4 の指標を考えよ.

§6

1. $\left(4 \prod_{p \equiv 3 \pmod 4} p\right) - 1 \equiv 3 \pmod 4$ であり, 左辺が合成数ならば, 素因数の中に $\equiv 3 \pmod 4$ であるものが必ず存在する.

$\left(4 \prod_{p \equiv 1 \pmod 4} p^2\right) + 1 \equiv 1 \pmod 4$ であり, $(a, b) = 1$ ならば $a^2 + b^2$ の奇素約数は $4n+1$ の形であることに注意.

(証) $p \equiv 3 \pmod 4$ ならば $\left(\dfrac{-1}{p}\right) = -1$, すなわち $x^2 \equiv -1 \pmod p$ は解 $x \in \mathbf{Z}$ をもたない. $p \mid a^2 + b^2$, $(a, b) = 1$ とすれば $p \nmid a$, $p \nmid b$. ゆえに $b \equiv al \pmod p$ をみたす $l \in \mathbf{Z}$ が存在する. $a^2 + b^2 \equiv a^2(1 + l^2) \pmod p$. ゆえに $1 + l^2 \equiv 0 \pmod p$. したがって p は $\equiv 3 \pmod 4$ ではない.

(イ) $6n+5$ の形の素数 $2 \cdot 3 \cdot 5 \cdots p - 1$ を考える.

(ロ) $8n+5$ の形の素数 $3^2 \cdot 5^2 \cdot 7^2 \cdots p^2 + 2^2$ を考える.

158　略解またはヒント

2. $L(s, \chi) \cdot \sum\limits_{u=1}^{\infty} \dfrac{\mu(n)\chi(u)}{n^s}$ における N^{-s} の係数は $\sum\limits_{n|N} \mu\left(\dfrac{N}{n}\right)\chi\left(\dfrac{N}{n}\right)\chi(n) =$

$\chi(N) \sum\limits_{u|N} \mu\left(\dfrac{N}{n}\right)$ である．$s=1$ で収束．$L(1, \chi) \neq 0,\ \chi \neq \chi_0$.

§7

1. a)　$\varphi(s) = n^{-s}$ ならば $f(t) = e^{-nt} = 1 + (-nt) + \dfrac{(-nt)^2}{2!} + \dfrac{(-nt)^3}{3!} + \cdots$.

ゆえに定理は成り立つ．

b)　$f(t) = O(t^N),\ t \to 0$ ならば $\int_0^1 f(t)\, t^{s-1} dt$ は $\mathrm{Re}(s) > -N$ で収束．$f(t)$

$\sim b_N t^N + \cdots\ (b_0 = b_1 = \cdots = b_{N-1} = 0)$ より $\varphi(-n) = 0,\ 0 \leqq n < N$.

c)　$b_k = \sum\limits_{0 < n \leqq N} a_n \dfrac{(-n)^k}{k!},\ k = 0, \cdots, N-1$, より $a_1, \cdots, a_N$ を定める．

2. (9), (10) は (6) より．

(11)　$\dfrac{t e^{xt}}{e^t - 1} = \sum\limits_{n=0}^{\infty} B_n \dfrac{t^m}{n!} \cdot \sum\limits_{m=0}^{\infty} \dfrac{n^m t^m}{m!}$ より．

(12)　(11) で x を $1-x$ とおけ．

(13)　(11) で x を $x+1$ とおけ．

(14)　B_{n+1} に対する (13) 式において，$x = 1, \cdots, N$ とおき辺々相加えれば，第一等式が得られる．第二等式は

$$\frac{t(e^{(N+1)t} - 1)}{e^t - 1} = \sum\limits_{n=0}^{\infty} \frac{t^{n+1}}{(n+1)!}\{B_{n+1}(N+1) - B_{n+1}(0)\}$$

の左辺を t について展開し，t^{n+1} の係数を比較すると得られる．

3. 定理 1 に続く注意 2 で，$\lambda_n = n + a$ の場合である．

4. (13) より

$$x^n = \frac{1}{n+1}\{B_{n+1}(x+1) - B_{n+1}(x)\}.$$

$x = N + \dfrac{j}{k}$ とおけば

$$(kN+j)^n = \frac{k^n}{n+1}\left\{B_{n+1}\left(N + \frac{j}{k} + 1\right) - B_{n+1}\left(N + \frac{j}{k}\right)\right\}.$$

$N = q$ から $N = r-1$ まで，$j = 0$ から $j = k-1$ までの和をとると，左辺は

$\sum_{m=qk}^{rk-1} m^n$ に等しい. よって

$$B_{n+1}(rk) - k^n \sum_{j=0}^{k-1} B_{n+1}\left(r + \frac{j}{k}\right)$$
$$= B_{n+1}(qk) - k^n \sum_{j=0}^{k-1} B_{n+1}\left(q + \frac{j}{k}\right).$$

多項式 $f(x) = B_{n+1}(kx) - k^n \sum_{j=0}^{k-1} B_{n+1}\left(x + \frac{j}{k}\right)$ は $\deg f \leq n+1$ ですべての整数値 $x = N$ に対し同じ値をとるから定数. ゆえに微分して 0. あと (10) を用いよ.

§8

1. 判別式 m^2 の 2 次形式は $\left(a, \dfrac{m}{2}, 0\right)$, $0 \leq a \leq m-1$, の形の 2 次形式に同値. かつ, これらの任意の 2 つは同値ではない.

2 つの同値な 2 次形式の判別式は等しい. f, F の判別式がともに 0 ならば, $f = m(ax+by)^2$, $F = M(AX+BY)^2$, $(a, b) = (A, B) = 1$ とかかれる. このとき, $f \sim F$ の必要十分条件は $m = M$.

2. 定理 2 を用いよ.

3. $\boldsymbol{Z}[\sqrt{-1}] \ni \pi$ (素元), $N\pi = p$ (素数). ゆえに $p \equiv 1 \pmod 4$ が必要十分. $\pi = a + b\sqrt{-1}$ とかけば, π に単数 (4 つある) を乗ずること, a, b を交換することが許されるから $p = a^2 + b^2$ の表現の個数 $r(p) = 4 \times (1+1) = 8$. $p^k = \pi^k \cdot \bar{\pi}^k$, $p \equiv 1 \pmod 4$ に対しては, π^k に 4 個の単数を乗じてもよし, 単数 ε, η $(\varepsilon^k = \eta^k$ をみたす$)$ を乗じて $\varepsilon\pi, \eta\bar{\pi}$ を用いてもよい. $(k$ 通り$)$. さらに, $p^k = a^2 + \beta^2$ で α, β をおきかえてよいから $r(p^k) = 4 \times (k+1)$. $q \equiv 3 \pmod 4$ ならば $r(q) = 0$. しかし, $q^2 = x^2 + y^2$ は 4 個の解をもつ: よって $r(q^2) = 4$. 同様に $r(q^{2k+1}) = 0$, $r(q^{2k}) = 4$.

$(n, m) = 1$ ならば $\dfrac{r(n)}{4} \cdot \dfrac{r(m)}{4} = \dfrac{r(nm)}{4}$, なぜならば $m = N\alpha$, $n = N\beta$, $(\alpha, \beta) = 1$ という表現は, 単数の差を除いて, $\dfrac{r(m)}{4}, \dfrac{r(n)}{4}$ 通り. $mn = N\alpha\beta$ より, mn の表現は単数の差を除いて $\dfrac{r(m)}{4} \cdot \dfrac{r(n)}{4}$ 通り. 一方, そのような表

160　略解またはヒント

現の個数は，単数の差を除いて $\dfrac{r(mn)}{4}$ 通り．

n：偶数．$n=a^2+b^2$, $(a, b)=1 \Rightarrow a \equiv b \equiv 1 \pmod 2$．ゆえに $a^2 \equiv b^2 \equiv 1 \pmod 4$ で，$n \equiv 2 \pmod 4$．ゆえに $n \equiv 0 \pmod 4 \Rightarrow r(n)=0$．

4. 最小正の解は $\eta = \dfrac{3+\sqrt{5}}{2}$（基本単数 $\dfrac{1+\sqrt{5}}{2}$ の平方）．$F_2=1$, $F_1+F_3=3$（$n=1$ の場合）．あと n に関する数学的帰納法．

5. $t^2-Du^2=-4$ の解より，ノルムが -1 の単数が得られる．

6. 主軸変換して楕円を標準形に，双曲線を $xy=k$ の形に直す．

7. おのおの各項を部分分数に分け，適当な指標 χ による $L(1, \chi)$ の値と結びつける．

$$-\frac{\pi}{6\sqrt{3}}, \qquad -\frac{\pi}{8}, \qquad \frac{1}{30G} \log\left|\frac{1+\rho^2}{1+\rho+\rho^2}\right| \qquad (\rho=e^{\frac{2\pi i}{5}})$$

（G はそのときの χ に対するガウスの和）．

§9

1. χ：原始的，$\mathrm{mod}\ N$，とする．(4) の両辺に $\bar{G}$ を乗じた式と，右辺の h を $-h$ でおきかえた式を加え，(4)$\times \bar{G}$ と比べよ．$\rho=e^{\frac{2\pi i}{N}}$, $0<h<N$, に対し

$$\log(1-\rho^{-h}) = \log|1-\rho^{-h}| + \pi i \left(\frac{1}{2}-\frac{h}{N}\right),$$

$$\log(1-\rho^{h}) = \log|1-\rho^{h}| + \pi i \left(\frac{1}{2}-\frac{h}{N}\right)$$

に注意．

2. $D=4m$ とおけば $m \equiv 2, 3 \pmod 4$．$m \equiv 2 \pmod 4$ のとき，$m=2m'$ とおけば $m' \equiv 1, 3 \pmod 4$．$m \equiv 3$, $m' \equiv 1, 3 \pmod 4$ のおのおのに対して計算せよ．$h(D)$ については $D \equiv 0 \pmod 4 \Rightarrow \chi_D(2)=0$ であるから (15) は

$$h(D) = \frac{1}{2} \sum_{0<k<|D|/2} \chi_D(h)$$

となる．和を $0<k<\dfrac{|D|}{4}$, $\dfrac{|D|}{4}<k<\dfrac{|D|}{2}$ に分けよ．

3. $\displaystyle\sum_{0<k<|D|/4} \chi_D(k)$：奇数 $\Longleftrightarrow \chi_D(k) \neq 0$ である k の個数は奇数，

$\displaystyle\sum_{0<k<|D|/2} \chi_D(k)$：奇数 $\Longleftrightarrow \chi_D(k) \neq 0$ である k の個数は奇数．

略解またはヒント　**161**

4. $h(-3)=h(-4)=h(-7)=h(-8)=h(-11)=h(-19)=1,\quad h(-23)=3,$
$h(-15)=2.$

6. a)　$F_R(\zeta)$ は $\boldsymbol{Q}(\zeta)$ の整数, $1, \zeta, \cdots, \zeta^{p-1}$ は正規底.

b)　$F_R(\zeta^k)=\prod_R(1-\zeta^{kR})=F_R(\zeta)$ において, $F_R(\zeta^k)$ の $\sum\limits_{r\in R'}, \sum\limits_{n\in N}$ はそれぞれ
$F(\zeta)$ の $\sum\limits_{r\in R'}, \sum\limits_{n\in N}$ にうつる.

c)　$F_R(\eta)=a_0+a_R\eta_R+a_N\eta_N,\quad \eta_R=\dfrac{-1\pm\sqrt{p}}{2},\quad \eta_N=\dfrac{-1\mp\sqrt{p}}{2}$ より. また
$F_R(\eta^{N_0})=\prod_R(1-\eta^{N_0R})=\prod_N(1-\eta^N),\quad F_R(\eta^{N_0})=a_0+a_R\eta_N+a_N\eta_R$ より.

d)　$\prod\limits_{k=1}^{p-1}(x-\eta^k)=x^{p-1}+x^{p-2}+\cdots+1$ において $x=1$ とおく. $\prod\limits_N(1-\eta^N)=$
$\dfrac{\prod(1-\eta^R)\prod(1-\eta^N)}{\prod(1-\eta^R)}=\dfrac{p}{\dfrac{S\pm T\sqrt{p}}{2}}$ と c) を比べよ. あと, c) の結果と, $S, T,$
U の関係を用いよ.

§ 10

1. (4)　$\mathfrak{a}=(\alpha, \beta),\ \mathfrak{O}=(\omega_1, \omega_2),\ \begin{pmatrix}\alpha & \beta \\ \alpha' & \beta'\end{pmatrix}=\begin{pmatrix}\omega_1 & \omega \\ \omega_1' & \omega_2'\end{pmatrix}A,\ N(A)=N(\mathfrak{a}),$
$UAV=\begin{pmatrix}d_1 & 0 \\ 0 & d_2\end{pmatrix},\ U, V$ は整係数, 行列式 1. $d_1|d_2$ とし, 新しく $\mathfrak{a}, \mathfrak{O}$ の底とし
て $(\alpha, \beta)U,\ (\omega_1, \omega_2)V$ をとれ.

(7)　$\mathfrak{a}$:単項ならば明らか. $\mathfrak{a}=(\alpha, \beta),\ \mathfrak{a}'=(\alpha', \beta')$ ならば $\mathfrak{a}\mathfrak{a}'=(\alpha\alpha', \alpha\beta', \alpha'\beta,$
$\beta\beta')$. $\alpha\alpha', \alpha\beta'+\alpha'\beta, \beta\beta'\in\mathfrak{a}\mathfrak{a}',\ n=(\alpha\alpha', \alpha\beta'+\alpha'\beta, \beta\beta')$ とおき, $n\in\mathfrak{a}\mathfrak{a}',\ n\mid\alpha\alpha',$
$\alpha\beta', \alpha'\beta, \beta\beta'$ に注意.

(6)　(7) より $\mathfrak{a}\mathfrak{b}\mathfrak{a}'\mathfrak{b}'=(N(\mathfrak{a}\mathfrak{b}))$. 左辺 $=\mathfrak{a}\mathfrak{a}'\mathfrak{b}\mathfrak{b}'=(N\mathfrak{a})(N\mathfrak{b})$.

2. $\boldsymbol{Q}(\sqrt{6})\supset\mathfrak{O}=\boldsymbol{Z}\cdot 1+\boldsymbol{Z}\cdot\sqrt{6}$. (10), (11) については, $\mathfrak{p}=(2, 4+\sqrt{6})\ni$
$2\alpha+(4+\sqrt{6})\beta,\ \alpha, \beta\in\mathfrak{O}$, において α, β を $1, \sqrt{6}$ の一次結合で表し, 代入す
れば $(2, 4+\sqrt{6})=\boldsymbol{Z}\cdot 2+\boldsymbol{Z}\cdot\sqrt{6}$ がわかる. $\mathfrak{q}=(5, 4+\sqrt{6})=\boldsymbol{Z}\cdot 5+\boldsymbol{Z}(4+\sqrt{6})$
も同様. ゆえに $\mathfrak{p}=\mathfrak{p}',\ \mathfrak{q}\neq\mathfrak{q}',\ 2=\mathfrak{p}^2, 5=\mathfrak{q}\mathfrak{q}'$.
　　　　$\mathfrak{p}\mathfrak{q}=(10, 4+\sqrt{6})=(4+\sqrt{6}),\quad \mathfrak{p}\mathfrak{q}'=(10, 4-\sqrt{6})=(4-\sqrt{6}).$

162 略解またはヒント

3. $\begin{pmatrix} \alpha & \beta \\ \alpha' & \beta' \end{pmatrix}\begin{pmatrix} p & q \\ r & s \end{pmatrix}=\begin{pmatrix} \alpha_1 & \beta_1 \\ \alpha_1' & \beta_1' \end{pmatrix}$ より

$$\frac{\alpha\beta'-\alpha'\beta}{\sqrt{D}}(ps-qr) = \frac{\alpha_1\beta_1'-\alpha_1'\beta_1}{\sqrt{D}}. \quad ゆえに \quad ps-qr = 1.$$

4. 本文にならえ.

5. a) $\mathfrak{O} \supset \mathfrak{O}_D$, $\mathfrak{O}_{D_0}=\mathbf{Z}\cdot1+\mathbf{Z}\cdot\dfrac{D_0+\sqrt{D_0}}{2}$, $\mathfrak{O}_D=\mathbf{Z}\cdot1+r\mathbf{Z}\cdot\dfrac{rD_0+\sqrt{D_0}}{2}$ で,

$$\left(1, \frac{D_0+\sqrt{D_0}}{2}\right)\begin{pmatrix} 1 & \dfrac{r^2-r}{2}D_0 \\ 0 & r \end{pmatrix} = \left(1, \frac{r^2D_0+r\sqrt{D_0}}{2}\right).$$

対応 $\mathfrak{a} \to f(x, y)$ は $\mathfrak{O}$ イデアルの場合と同じ.

§11

2. $r=\mathfrak{p}_1{}^{e_1}\cdots\mathfrak{p}_t{}^{e_t}$ と分解し, 分解, 惰性, 分岐する各 $\mathfrak{p}$ についておのおの計算せよ.

3. $\operatorname*{Res}_{s=1} \zeta(s)=1$ より, $\operatorname*{Res}_{s=1}(\sum c_n n^{-s})\,\zeta(s)=\sum c_n n^{-1}$.

§12

1. $\mathfrak{a}$ に対応する 2 次形式に有理的な変数変換を行えば, それが $\lambda\begin{pmatrix} \alpha \\ \beta \end{pmatrix}=\begin{pmatrix} p & q \\ r & s \end{pmatrix}\begin{pmatrix} \alpha \\ \beta \end{pmatrix}$ である λ に対する $\mathfrak{b}=\lambda\mathfrak{a}$ の 2 次形式になる.

2. $\mathfrak{a}$ をイデアル, $\mathfrak{m}$ を与えられたイデアル, $\mathfrak{m}$ を割る異なる素因子を $\mathfrak{p}_1$, $\cdots, \mathfrak{p}_r$ とし, $\alpha \notin \mathfrak{a}\mathfrak{p}_i$, $\alpha \in \mathfrak{a}$ である α が存在することをいえばよい.

3. アーベル群の構造定理.

$\quad h(D)$: 奇数 $\Longleftrightarrow D$: 素判別式

$\quad h(D) \equiv 2 \pmod 4 \Longleftrightarrow s < t-1 = 1.$

$\quad h(D) \equiv 0 \pmod 4 \Longleftrightarrow s = t-1$ または $t \geqq 3.$

§13

1. 定理 1 の証明を辿ればよい.

$$a > 0, \ b > 0, \ c < 0, \ b < \sqrt{D}, \ \frac{\sqrt{D}+b}{2} > a > \frac{\sqrt{D}-b}{2}.$$

2. m として $\dfrac{b+\sqrt{D}}{2a}$ より大きくない最大の整数を採用することに注意して

略解またはヒント 163

本文と同様に考えよ.

3. $\begin{pmatrix} a & 1 \\ 1 & 0 \end{pmatrix}\begin{pmatrix} b & 1 \\ 1 & 0 \end{pmatrix} = \begin{pmatrix} a+1 & -1 \\ 1 & 0 \end{pmatrix}\begin{pmatrix} b & 1 \\ b-1 & 1 \end{pmatrix}$

$= \begin{pmatrix} a+1 & -1 \\ 1 & 0 \end{pmatrix}\underbrace{\begin{pmatrix} 2 & -1 \\ 1 & 0 \end{pmatrix}\cdots\begin{pmatrix} 2 & -1 \\ 0 & 0 \end{pmatrix}}_{b-1}\begin{pmatrix} 1 & 1 \\ 0 & 1 \end{pmatrix},$

$\begin{pmatrix} 1 & 1 \\ 0 & 1 \end{pmatrix}\begin{pmatrix} c & -1 \\ 1 & 0 \end{pmatrix} = \begin{pmatrix} c+1 & -1 \\ 1 & 0 \end{pmatrix}$

に注意.

4. f を簡約 2 次形式, $S=S_{m_1}\cdots S_{m_s}$ により f は f にうつる. s が奇数ならば $\det S = -1$ で, f は自分自身に広義の同値である.

5. ① $D=5, h=1, h_0=1.$ 広 $[1,1,-1]$, 狭 $[1,3,1]$

② $D=8, h=1, h_0=1.$ 広 $[1,2,-1]$

狭 $[2,4,1] \underset{4}{\overset{2}{\rightleftarrows}} [1,4,2]$

③ $D=12, h=2, h_0=1.$ 広 $[1,2,-2] \underset{1}{\overset{2}{\rightleftarrows}} [2,2,-1]$

狭 $[3,6,2] \underset{3}{\overset{2}{\rightleftarrows}} [2,6,3],\ [1,4,1]\overset{4}{\circlearrowright}$

④ $D=13, h=1, h_0=1.$ 広 $[1,3,-1]$

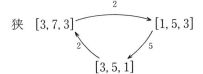

⑤ $D=17, h=1, h_0=1.$ 広 $[1,3,-2] \underset{1}{\overset{3}{\rightleftarrows}} [2,3,-1]$

164　略解またはヒント

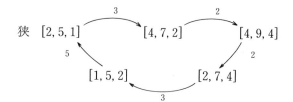

⑥　$D=21, h=2, h_0=1.$　広　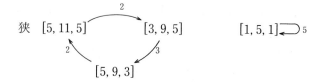

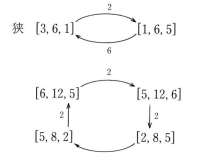

⑦　$D=24, h=2, h_0=1.$　広　[1, 4, −2] ⇄ [2, 4, −1] （4上, 2下）

狭　[3, 6, 1] ⇄ [1, 6, 5] （2上, 6下）

[6, 12, 5] →2 [5, 12, 6]
↑2　　　　↓2
[5, 8, 2] ←4 [2, 8, 5]

⑧　$D=28, h=2, h_0=1.$

広　[2, 2, −3] →1 [3, 2, −2]
↑1　　　　↓1
[3, 4, −1] ←4 [1, 4, −3]

略解またはヒント 165

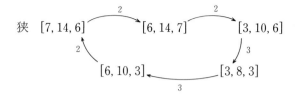

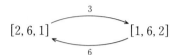

⑨ $D=29, h=1, h_0=1.$ 広 $[1, 5, -1]$

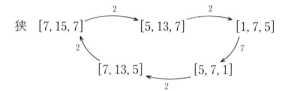

§14

1. $C=\int_0^\infty \int_0^\infty e^{-f(x,y)}dxdy$ の計算. $\xi=wx+y$, $\eta=w'x+y$, $f(x,y)=\dfrac{\sqrt{D}}{w-w'}\xi\eta$ とおけ.

2. §13, 定理2とその証明の記号で, A に対する簡約形式のサイクル $\{f_1, \cdots, f_r\}$ の大きい方の根の列が $\{w_1, \cdots, w_r\}$. $f_{i+1}=S_{n_i}f_i$, $f=f_0=f_r$, $w_i=[[\overline{n_i, n_{i+1}, \cdots, n_{i+r-1}}]]=n_i-\dfrac{1}{w_{i+1}}$, $\xi_i=x_i+y_iw_i$ とおけば $A=\xi_{i-1}\boldsymbol{Z}+\xi_i\boldsymbol{Z}$, $\xi_i\xi_i'>0$, $\xi_i=\dfrac{1}{w_{i+1}}\xi_{i+1}$, $\xi_{i+r}=\dfrac{1}{w_i\cdots w_{i+r-1}}\xi_i=\dfrac{1}{w_1\cdots w_r}\xi_i$ より $\xi_r A=A$. ゆえに $\xi_r=\varepsilon^{-1}$ は単数, $\varepsilon>1$. ε が基本単数であることは $\{w_1, \cdots, w_r\}$ の最短性よりわかる.

3. $\dfrac{x-1}{x-2}=\begin{pmatrix}1 & -1\\1 & -2\end{pmatrix}(x)$.

166　略解またはヒント

$$\begin{pmatrix} 1 & -1 \\ 1 & -2 \end{pmatrix}\begin{pmatrix} a_1+3 & -1 \\ 1 & 0 \end{pmatrix}\underbrace{\begin{pmatrix} 2 & -1 \\ 1 & 0 \end{pmatrix}\cdots\begin{pmatrix} 2 & -1 \\ 1 & 0 \end{pmatrix}}_{a_2}\begin{pmatrix} a_3+3 & -1 \\ 1 & 0 \end{pmatrix}\cdots$$

$$= \begin{pmatrix} a_1+2 & -1 \\ a_1+1 & -1 \end{pmatrix}\underbrace{\begin{pmatrix} 2 & -1 \\ 1 & 0 \end{pmatrix}\cdots\begin{pmatrix} 2 & -1 \\ 1 & 0 \end{pmatrix}}_{a_2}\begin{pmatrix} a_3+3 & -1 \\ 1 & 0 \end{pmatrix}\cdots$$

$$= \underbrace{\begin{pmatrix} 2 & -1 \\ 1 & 0 \end{pmatrix}\cdots\begin{pmatrix} 2 & -1 \\ 1 & 0 \end{pmatrix}}_{a_1+1}\begin{pmatrix} 1 & -1 \\ 0 & -1 \end{pmatrix}\begin{pmatrix} a_2+1 & -1 \\ a_2 & -1 \end{pmatrix}\begin{pmatrix} 1 & -1 \\ 0 & -1 \end{pmatrix}\begin{pmatrix} a_3+3 & -1 \\ 1 & 0 \end{pmatrix}\cdots$$

$$= \underbrace{\begin{pmatrix} 2 & -1 \\ 1 & 0 \end{pmatrix}\cdots\begin{pmatrix} 2 & -1 \\ 1 & 0 \end{pmatrix}}_{a_1}\begin{pmatrix} a_2+3 & -1 \\ 1 & 0 \end{pmatrix}\begin{pmatrix} 1 & -1 \\ 1 & -2 \end{pmatrix}\begin{pmatrix} a_3+3 & -1 \\ 1 & 0 \end{pmatrix}\cdots.$$

A に対する簡約形式の根は x, または $y=\dfrac{x-1}{x-2}$ の形 (それに応じて $A\theta$ に対する根は y または x の形) で

$$\sum_{\substack{A \\ (\text{または } A\theta)}} (n_i-3) = a_1+\underbrace{(2-3)+\cdots+(2-3)}_{a_2}+\cdots$$

$$= a_1-a_2+\cdots,$$

$$\sum_{\substack{A\theta \\ (\text{または } A)}} (n_i-3) = \underbrace{(2-3)+\cdots+(2-3)}_{a_1}+a_2+\cdots$$

$$= -a_1+a_2+\cdots$$

である.

あ と が き

　著者ザギヤーは 1951 年 6 月の生まれでアメリカ国籍，現在ボン大学，Max-Planck 研究所教授である．はじめ，位相的代数幾何の分野で活躍されていたが，その間（高次の）デデキントの和に出会い，数論に突入されるようになったと思われる．

　著者が序文にも述べているように，2 次体とそのゼータ関数の理論を，高次の数論の一適用例ではなく，数論への導入に用いようというのは訳者も大賛成である．ここにはゼータ関数，L 級数，2 次形式，その簡約理論，類数，単数，連分数といった誠に興味深い，そして興味のつきない話題が見事に交錯しており，数論の，いや数学の中でももっとも美しくおもしろい分野であって，独立した講義が行われることが，強くのぞまれる．邦書ではわれわれはすでに，高木貞治 "初等整数論講義"（とくにその圧巻的な付録!）をもっているが，本書はそのすばらしい補充というべきであろうか．読者は読み進むにつれ興奮をおぼえるにちがいない．

　平方因子を含む判別式をもつ 2 次形式（正定値）に対応する虚 2 次体の order（整環）に詳しく，かつ類体論との関係が論じられている最近の本

　David A. Cox : Primes of the form $x^2 + ny^2$, John Wiley & Sons 1989

を合せ読まれると興奮は倍加するであろう．

　翻訳に際しては岩波書店の荒井秀男氏にいろいろお世話になった．"略解とヒント" の部分は原著にはないが，その作成には，津田塾大学大学院生の立井博子君が協力してくれた．お二人に厚くお礼申上げる．

　1990 年 4 月　　仏子の里にて

訳　　者

人名索引

L. V. Ahlfors   58
T. M. Apostol   58
A. Baker   88
S. I. Borewicz   101, 149, 150
S. Chowla   126
H. Davenport   58, 149
H. Edwards   58
G. H. Hardy   58
E. Hecke   149, 151
K. Heegner   88
H. Heilbronn   88
F. Hirzebruch   78, 151
E. H. Linfoot   88
F. Mertens   89

C. Meyer   151
L. J. Mordell   126
H. Orde   83
H. Rademacher   58
M. Riesz   58
I. R. Šafarevič   101, 149, 150
B. Schoeneberg   149
A. Scholz   149
T. Shintani (新谷卓郎)   150
C. L. Siegel   58, 88, 89, 149, 151
H. Stark   88
E. M. Wright   58
D. Zagier   78, 150, 151

事 項 索 引

あ 行

アーベル (N. H. Abel) の総和法
    4 , 5
アルゴリズム (同値性判定の)　63

イデアル　93
　──類 (同値類)　96, 98
　整──　94
　積──　93
　素──　94
　単項 (Haupt-, principal) ──
　93
　分数──　94
　両面──　123

枝 (log の)　80
L 級数　43

オイラー (L. Euler)　29, 31
　──数　33
　──積　11
　　L 級数の　44
　　デデキントのゼータ関数の
　102
　　リーマンのゼータ関数の　11,
　26
　──定数　20
　──の関数　14, 37
オイラー・マクローラン (C. Maclaurin)
　の公式　57, 142

か 行

ガウス (K. F. Gauß)　59, 66, 82,
　114, 149
　──の公式　24
　──の予想　87-89
　──の和　55, 78
加群　100
関数等式
　　$L(s, \chi)$ の──　55
　　ガンマ関数の──　19, 22
　　ゼータ関数の──　31
ガンマ関数　17
　──の積公式　19
簡約
　　正定値形式の──　127
　　不定形式の──　129

基本数 (Grundzahl)　40
基本単数
　　形式の──　68
基本判別式　40
逆 (指標の)　35
共役　92

原始根　41
原始的
　──イデアル　123
　──指標　39
　── 2 次形式　64
　──表現　69

事項索引　171

さ 行

サイクル (簡約不定形式の)　129, 131

自己同型　65
　——群 (形式の)　135
指標
　——の直交性　38, 111, 112
　イデアル類——　110
　奇——　55
　共役——　36
　偶——　55
　原始的 (eigentlich, primitive) ——　39
　実——　39
　主 (Haupt-, principal) ——　37
　種——　115
　ディリクレ——　36
　非原始的——　39
　有限群の——　35
　誘導された——　39
自明な零点　32
種 (Geschlecht, genus)　114, 115
　単位 (Haupt-, principal) ——　115
収束軸 (Konvergenzabszisse)　3
乗法子 (加群の) (Multiplikator)　100
乗法的
　——関数　10
　強い意味で——　11

スターリング (J. Stirling) の公式　25

整数 (2次体の)　91
ゼータ関数
　イデアル類の——　103
　デデキント (R. Dedekind) の——　101
　フルヴィッツ (A. Hurwitz) の——　57
　リーマンの——　6
積
　指標の——　35
　ディリクレ級数の——　10
跡　91
積分表示 (リーマンのゼータ関数の)　26
漸化式 (ベルヌーイ数の)　29
漸化性 (ベルヌーイ多項式の)　54
漸近展開　50
全整数環 (2次体の)　91
全表現数　65, 68
　——の平均値　71

素判別式　42

た 行

対称性 (ベルヌーイ多項式の)　54
惰性的　105
畳み込み (Faltung, convolution)　10
単項類 (Hauptidealklasse)　117
単数　95

通常ディリクレ級数　2

ディリクレ (L. Dirichlet)　35, 66, 75
　——級数　2
　——積　10
　—— の L 級数　43
　——密度　112

導手　39

172 事項索引

同値
　イデアルの—— 96
　狭義の——（2次形式） 64
　広義の——（2次形式） 64
　狭い意味での——（イデアル） 96
　2次形式の—— 61
　有理—— 114

な 行

2元2次形式 60
　——の係数 60
　正定値—— 63
　負定値—— 63
2次体 91

ノルム
　イデアルの—— 93
　数の—— 92
　分数イデアルの—— 94

は 行

判別式
　イデアルの—— 93
　基本—— 40
　素—— 42
　2次形式の—— 61
　2次体の—— 92

表現数（Darstellungsanzahl） 65
　——の平均値 66, 72
　原始的—— 69
　全—— 65, 68

フィボナッチ（Fibonacci）数 75
フェルマ（P. Fermat）の定理 60
符号（ガウスの和の） 82
不変量（2次形式の同値類の） 61,
　63
分解 105

分割個数 16
分岐 105

ベルヌーイ（Jacob Bernoulli）
　——数 26
　——多項式 53
　——の公式 54
ペル（J. Pell）方程式 59
　——の解 66, 68

ま 行

向きづけられた基底 97

メービウス（A. F. Möbius）
　——の関数 12
　——の反転公式 12
メリン（Mellin）変換 23

ら 行

ランダウ（E. Landau）の定理 7

リーマン（B. Riemann） 31
　——のゼータ関数 6
　——予想 33
両面的（形式） 112
両面類 123
臨界領域 32

類数 64, 99
　——公式 83
　——の増大性 87
　——の平均値 89
　判別式 D の—— 64
ルジャンドル（A. M. Legendre）
　17
　——記号 37
　——の倍積公式 22

連分数 133

事項索引　173

——展開　134
周期的——　134
純周期的——　134

わ 行

ワイエルストラス (K. Weierstrass) の
　積表現　20

記 号

B_n 26

$B_n(x)$ 53

$d(n)$ 10

$D(\mathfrak{a})$ 93

E_n 33

$F(n)$ 102, 107

$F_i(n)$ 103

$h(D)$ 64, 75, 83

$h_0(D)$ 65

$L(s)$ 14

$L(s, \chi)$ 43

$L(1, \chi)$ 81

$L(1, \chi_D)$ 82

$L_D(s)$ 117

$L_K(s, \chi)$ 145

$L_K(0, \chi)$ 146

$N(x)$ 92

$N(\mathfrak{a})$ 93

$o(x)$ vi

$O(x)$ vi

$r(n)$ 14

$R(n)$ 65

$R^*(n)$ 69

$R(n, f)$ 65

S_n 127

$SL_2(\mathbf{Z})$ 61

$Sp(x)$ 91

Sq 122

U_f 65

w 66

γ 20

$\gamma_D(r)$ 77

$\Gamma(x)$ 17

ε_0 68

$\zeta(s)$ 6

$\zeta(s, a)$ 57

$\zeta(A, s)$ 103

$\zeta(A, 0)$ 141

$\zeta_K(s)$ 101

$Z_f(s)$ 139

$Z_f(0)$ 140

χ 16

$\chi(n)$ 16

$\lambda(n)$ 14

$\mu(n)$ 12

ν_r 77

$\nu(n)$ 14

$\Pi(x)$ 17

$\rho(n)$ 47

$\sigma_k(n)$ 10

$\tau(n)$ 10

$\varphi(n)$ 14

χ 35, 110

$\chi_D(n)$ 40

χ_0 37

$\omega(n)$ 14

$|C|$ vi

$\#C$ vi

$[x]$ vi

$f \sim f'$ 64

$f \sim g$ vi

$\widehat{G}$ 35

$\left(\dfrac{n}{p}\right)$ 38

x' 91

(ξ) 93

$\mathfrak{a}'$ 93

$[[n_0, n_1, \cdots, n_s]]$ 133

$[[n_0, \cdots, \overline{n_i, \cdots, n_j}]]$ 135

$[[m_0, m_1, \cdots]]^+$ 139

数論入門　新装版
　──ゼータ関数と 2 次体　　　　　　　　　　　　D. B. ザギヤー

1990 年 8 月 2 日　　第 1 刷発行
2005 年 6 月 10 日　　第 3 刷発行
2025 年 2 月 18 日　　新装版第 1 刷発行

訳　者　　片山孝次

発行者　　坂本政謙

発行所　　株式会社　岩波書店
　　　　　〒101-8002 東京都千代田区一ツ橋 2-5-5
　　　　　電話案内 03-5210-4000
　　　　　https://www.iwanami.co.jp/

印刷・三秀舎　表紙・法令印刷　製本・中永製本

ISBN 978-4-00-006349-4　　Printed in Japan

現代数学への入門 （全16冊〈新装版＝14冊〉）

高校程度の入門から説き起こし，大学2〜3年生までの数学を体系的に説明します．理論の方法や意味だけでなく，それが生まれた背景や必然性についても述べることで，生きた数学の面白さが存分に味わえるように工夫しました．

微分と積分1——初等関数を中心に	青本和彦	新装版 214頁	定価 2640 円
微分と積分2——多変数への広がり	高橋陽一郎	新装版 206頁	定価 2640 円
現代解析学への誘い	俣野 博	新装版 218頁	定価 2860 円
複素関数入門	神保道夫	新装版 184頁	定価 2750 円
力学と微分方程式	高橋陽一郎	新装版 222頁	定価 3080 円
熱・波動と微分方程式	俣野博・神保道夫	新装版 260頁	定価 3300 円
代数入門	上野健爾	新装版 384頁	定価 5720 円
数論入門	山本芳彦	新装版 386頁	定価 4840 円
行列と行列式	砂田利一	新装版 354頁	定価 4400 円
幾何入門	砂田利一	新装版 370頁	定価 4620 円
曲面の幾何	砂田利一	新装版 218頁	定価 3080 円
双曲幾何	深谷賢治	新装版 180頁	定価 3520 円
電磁場とベクトル解析	深谷賢治	新装版 204頁	定価 3080 円
解析力学と微分形式	深谷賢治	新装版 196頁	定価 3850 円
現代数学の流れ1	上野・砂田・深谷・神保	品 切	
現代数学の流れ2	青本・加藤・上野 高橋・神保・難波	岩波オンデマンドブックス 192頁 定価 2970 円	

———— 岩 波 書 店 刊 ————

定価は消費税10%込です
2025年2月現在